KB235419

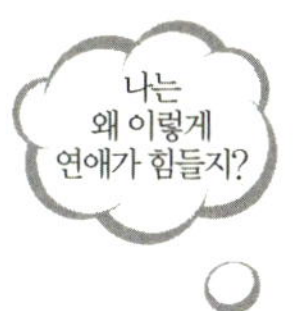

연애교습소

RENAIDAMEKO NO SHINRYOJYO
written by Aiko Miyoshino
Copyright © 2011 by Aiko Miyoshino All rights reserved.
Originally published in Japan by Nikkei Business Publishing, Inc., Tokyo.
Korean translation rights arranged with Nikkei Business Publishing, Inc., Tokyo through
PLS Agency, Korea.

자꾸만 연애가 꼬이는 당신을 위한

연애교습소

미요시노 아이코 지음
서지원 옮김

연애는 자기 자신과 마주하는 가장 좋은 경험

날마다 많은 사람들이 고민을 끌어안고 저를 찾아옵니다. 직업, 가족 혹은 인생을 사는 방법, 연애와 결혼에 대한 고민까지, 사람마다 각기 다른 이야기가 있지요. 그중에서도 연애와 결혼에 관한 고민은 정말로 다양합니다.

연애 때문에 고민하는 여성들과 이야기를 나누다 보면 평소에는 정말 훌륭한 여성들이 연애를 할 때는 마음의 균형이 크게 무너지면서 길을 잃고 시간을 낭비한다는 걸 깨닫게 됩니다. 다들 평소에는 총명하고 냉정하며, 긍정적으로 미래를 향해 전진하는 여성들인데 말이죠.

연애란 몸과 마음, 두 가지 측면에서 상대와 깊은 관계를 갖는 것입니다. 때문에 연인들 사이에는 마치 어린아이처럼 굴며 상대와 사랑에 빠지고 싶어 하는 '퇴행현상'이 일어나기 쉽습니다. 소중한 사람의 사랑을 잃는 것을 극도로 두려워하거나 '버림받을지도 모른다는 불안'을 느끼고 과도하게 의존하거나 상대를 컨트롤하려 하는 것은 어쩌면 당연한 일인지도 모릅니다.

이때 문제는 아무리 매력적인 여성이라도 지금까지 쌓아온 아름다움이나 능력을 지킬 수 없게 된다는 것입니다. '연애란 이런 것'이라며 간단히 결론짓거나 잠재되어 있는 자신의 문제는 온전히 남겨둔 채 상대의 마음을 돌리기 위한 노하우를 찾아 헤매죠. 그런 여성을 볼 때마다 저는 연애로 고민하는 사람이 꼭 배워야 할 본질적인 것들의 무게와 널리 알려져 있는 연애 노하우의 미묘한 가벼움 사이에서 커다란 갭을 느끼곤 합니다.

그런 갭을 조금이나마 줄일 수 있다면 '언젠가 좋은 사람을 만날 수 있을 거야', '언젠가 그가 변할지도 몰라'라는 막연한 희망 속에 안주하려는 여성들에게 진짜 행복을 손에 넣을 수 있는 힌트를 줄 수 있지 않을까 생각했습니다. 그리고 연애가 자기 자신과 마주하는 가장 좋은 경험이라는 것을 깨닫게 해줄 수도 있을 테고요.

"배우지 않는다면 사랑은 여전히 서툴다."

지금도 제가 이렇게 생각하는 것은 저에게도 아픈 과거가 있기 때문입니다. 연애와 결혼생활이 잘 풀리지 않았던 시절, 저는 여러

명의 남성을 만나면서 참 힘든 시간을 보냈습니다. 저를 만난 이후 인생에 대한 고민에 빠져 하던 일을 그만둔 사람, 사채와 낭비 사이를 오가던 사람, 유난히 아이 같던 사람, 지배욕의 포로가 되어 신체적, 정신적 폭력을 일삼던 사람 등 문제도 다양했지요. 그때 저는 상대가 갖고 있는 문제들을 해결하려 필사적으로 애를 썼습니다. 하지만 감정을 모두 소모하고 파탄에 이르는 상황이 반복되었지요. 이렇게 말하면 제가 별 것도 아닌 남자들에게 휘둘린 피해자처럼 보이겠지만, 그렇지는 않습니다. 상대의 입장에서 보면, 여러 가지 이유로 인해 자기 안에 담아둘 수밖에 없었던 마음의 그늘을 제가 폭로한 것이 될 수도 있고, 저와 제 주변 사람들에게 '나쁜 놈' 취급까지 받아야 했던 쓰라린 경험이 겠지요. 어떤 의미에서는 그들도 피해자인 셈입니다.

지금에 와서야 제가 깨닫는 것은 그렇게 끝없는 괴로움과 고민을 만들어냈던 건 저의 '피해자의식'이었다는 겁니다. 그것을 깨달은 뒤에야 저는 비로소 제가 자신감을 잃어버리고 상대에게 일방적으로 의존해 왔다는 사실을 직시하고, 제 인생을 스스로 책임질 수 있게 되었습니다. 생각이 여기에 미치자 신기하게도 저의 '남자문제'는 자연스럽게 사라지더군요. 행복해지고 싶다면 피해자나 가해자 같은 '역할'에서 벗어나, 자기 자신의 내면에 있는 문제를 진지하게 바라봐야 하는 겁니다.

연애와 결혼으로 뼈아픈 실패를 반복했던 20대 후반, 심리학을 배우게 된 건 정말 큰 행운이었습니다. 스스로를 되짚어보는 동시에 많은 상담을 통해 '행복의 본질'이 될 만한 요소들을 수집하고 실천할 수 있게 되었으니까요. 물론 지금의 평온을 찾기까지는 많은 시간이 걸렸고, 같은 실패를 반복한 적도 많았습니다. 하지만 제 주변에는 저의 순수성을 믿고 행복을 빌어준 사람들이 있었기에 포기하지 않았습니다.

저는 이 책을 통해 당신이 진짜 자신의 모습을 사랑하게 되고 자신감과 만족도 높은 행복을 손에 넣게 되기를 바랍니다. 자꾸만 꼬이는 연애 패턴에서 벗어나 화려한 비상을 시도하는 계기가 되기를, 자신을 괴롭히는 고민들을 한 걸음 물러서서 바라보게 되기를 바랍니다. 한 가지 더 바라기로는, 당신의 남자친구가 이 책에 관심을 가져, 부디 섬세하고 씩씩하고 사랑스러운 당신의 본질을 확인하는 계기가 되기를 소망합니다.

기운내세요, 길은 반드시 있습니다.

미요시노 아이코

'언제나 같은 패턴으로 실패한다'고 느끼거나 다른 사람에게 "연애고민이 항상 같네" 혹은 "매번 같은 타입의 남자한테 반하는구나!"라는 말을 듣지 않나요? 잘 풀리지 않는 연애에는 '경향'과 '대책'이 있습니다. 우선은 당신의 연애체질을 체크해 보세요! 연애체질은 총 8타입으로 나뉘며, 체질별로 4명의 '고민걸'이 등장합니다. 그중에는 분명 당신과 비슷한 사례가 있을 거예요. 지금 바로 당신의 체질을 찾아 사례와 어드바이스를 확인해 보세요!

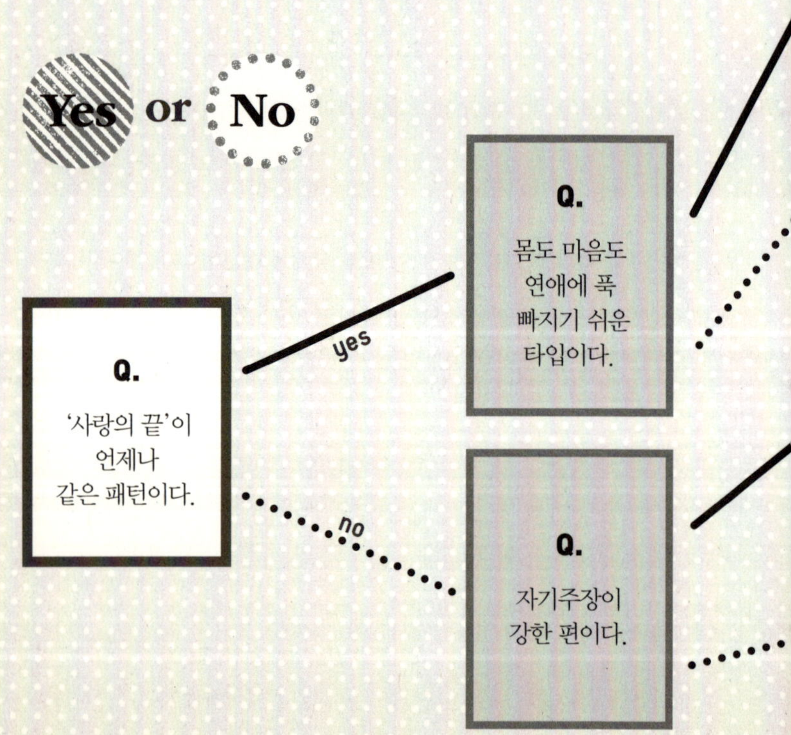

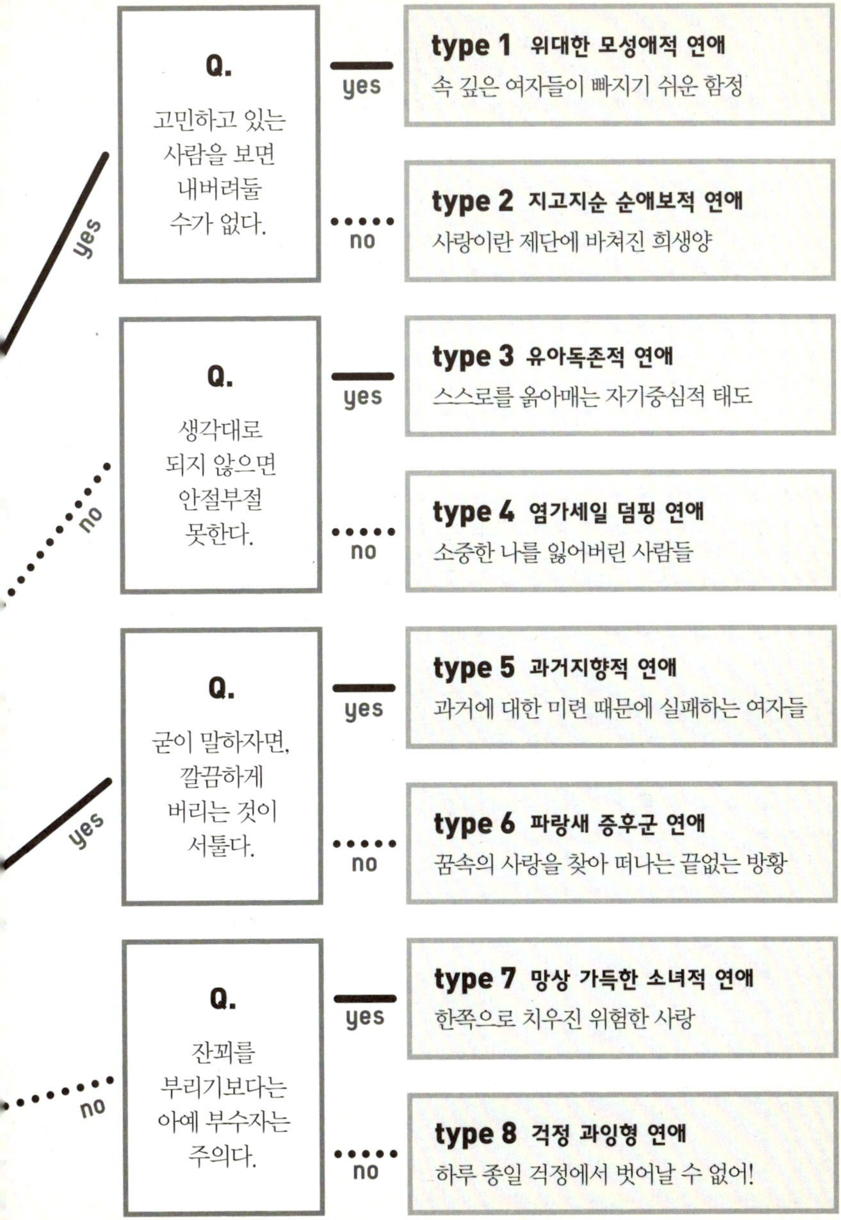

yes

Q.
고민하고 있는
사람을 보면
내버려둘
수가 없다.

yes
type 1 위대한 모성애적 연애
속 깊은 여자들이 빠지기 쉬운 함정

no
type 2 지고지순 순애보적 연애
사랑이란 제단에 바쳐진 희생양

no

Q.
생각대로
되지 않으면
안절부절
못한다.

yes
type 3 유아독존적 연애
스스로를 옭아매는 자기중심적 태도

no
type 4 염가세일 덤핑 연애
소중한 나를 잃어버린 사람들

yes

Q.
굳이 말하자면,
깔끔하게
버리는 것이
서툴다.

yes
type 5 과거지향적 연애
과거에 대한 미련 때문에 실패하는 여자들

no
type 6 파랑새 증후군 연애
꿈속의 사랑을 찾아 떠나는 끝없는 방황

no

Q.
잔꾀를
부리기보다는
아예 부수자는
주의다.

yes
type 7 망상 가득한 소녀적 연애
한쪽으로 치우진 위험한 사랑

no
type 8 걱정 과잉형 연애
하루 종일 걱정에서 벗어날 수 없어!

type 1 위대한 모성애적 연애

속 깊은 여자들이 빠지기 쉬운 함정

정이 많고 속이 깊은 여장부 타입의 당신. 하지만 당신의 유능함이 남자의 의존심을 조장하고 그의 성장을 방해할 수도 있다. 때론 냉정하게 대하는 것이 그의 성장에 보탬이 된다는 사실을 기억해라. 서둘러 도움의 손길을 내밀기보다 묵묵히 지켜봐 주는 애정이 필요한 순간도 있다.

이해심 많고 심성 고운 여자는
남자에게 이용당하기 쉽다

무엇 하나 버릴 게 없는 당신. 외모도 그만하면 합격점에 교양, 지성, 이해심에 자제력까지 갖췄다. 딱 한 가지 아쉬운 게 있다면 아직 남자가 없다는 것. 다 갖춘 여자들에게 애인이 안 생기는 이유는 무엇일까?

Q **토모미** | 36세, 큐레이터, 화랑 경영

며칠 전 본 방송에서 사회자가 무심코 던진 이야기가 계속 생각납니다. "지적인 여성일수록 속이기 쉽다." 이 말을 듣는 순간 뒤통수를 한 대 얻어맞은 것처럼 멍해지더군요. 이게 대체 무슨 뜻이죠? 저는 지금까지 지적인 여성이 되기 위해 많은 노력을 해왔어요. 그런데 그동안 제가 남자들에게 속아온 것이 바로 그 때문이라는 말인가요? 머리가 정말 복잡해요. 다시 연애를 시작하기 전에 이 부분을 정리하고 싶어요. 남자들에게 기만당하지 않으려면 어떻게 해야 할까요?

정에 약한 것이 불행의 씨앗

토모미 씨(이하 '토') 제 입으로 말하긴 좀 그렇지만, 저는 지금까지 한 점 부끄러움 없이 살아왔어요. 그러다 보니 친구도 많고, 직장에서도 인정받는 편이었죠.

아이코 선생(이하 '아') 아, 굳이 말하지 않아도 당신 얼굴이나 태도를 보니 짐작이 가요.

토 그런데 연애만큼은 참 마음대로 안 되네요.

아 예를 들자면, 어떤 게 문제죠?

토 예를 들자면, 돈 문제 같은 거죠. 남자를 사귀다 보면 어느 사이엔가 제가 그의 집세를 대신 내준다거나, 빚을 갚아준다거나…… 항상 그런 식으로 남자에게 돈을 써온 것 같아요.

아 저런! 당신이 그렇게 해줄 수 있다고 허세를 부렸다든가, 그런 건 아니었나요?

토 그런 건 아니에요. 저도 같은 경영자 입장이다 보니 남자가 사업자금 때문에 걱정하는 모습을 보거나 힘들었던 어린 시절 경험을 듣고 나면 저도 모르게 '그 정도는 내가 해줄 수도 있는데……' 하는 생각을 하게 돼요.

아 그건 당신이 정에 약하다는 증거예요. 그럼 상대에게 당했다는 건 언제쯤 깨닫게 되나요?

토 그게, 정말 어느 순간, 갑자기 알게 돼요. 상대를 믿고 돈을 건넨 후에 그가 사실은 유부남이었다거나 다른 여자가 있다는 걸 알게 되는 식이죠. 또 가끔은 갑자기 연락이 끊기는 경우도 있어요.

아 이런! 그건 좀 심하네요.

토 저는 꾸준하게 일해 왔고 사치도 안 하는 편이라 저축하는 게 습관이 되어 있어요. 그런데 만나는 남자가 바뀔 때마다 적금을 깨고 있어요. 혹시 제가 속이기 쉬운 성격인 걸까요?

아 돈을 목적으로 여자에게 접근하는 남자도 문제지만, 일단 당신도 스스로를 지키는 방법을 알아둘 필요가 있겠네요.

예측 가능한 여자는 표적이 되기 쉽다

아 당신은 어떤 여성이 멋지다고 생각하세요?

토 지적이고 상식이 풍부하고 냉정하며 임기응변에 뛰어나고 자제력이 있는 여자요. 그러면서도 이때다 싶을 땐 대범하게 행동하는 여성을 동경해요.

아 그렇군요. 멋진 여성상이네요. 그러면 품행이 단정치 못하고 다혈질인 여자, 제멋대로인데다 눈치도 없는 어린아이 같은 여자는 어떻게 생각해요?

토 물론 세상에는 그런 여자도 있죠. 하지만 저는 제 자신이 그
렇게 되지 않도록 늘 경계하고 있어요.

아 그래요? 제멋대로고 어린아이 같은 여자는 영 아니라고 생각
하는군요?

토 네, 제 생각은 그래요. 사람들 앞에서 그런 모습을 드러내는
것은 바람직하지 않죠.

아 엉뚱한 소리도 안 하고, 투정도 안 부리고, 예상 외의 행동도
안 하고……. 그러니까 당신은…… 뭐랄까, '지골로(gigolo: 제
비족, 기둥서방, 여자가 먹여 살리는 남자)'의 표적이 되기 딱 좋은
타입이네요!

토 네? 그게 무슨 말씀이신지…….

아 쉬운 여자처럼 보이기 싫고, 바보 취급도 싫고, 망신을 당하
기도 싫어하죠. 하지만 세상에는 이렇게 자제력 있는 사람의
마음을 이용하는 사람도 있는 법이에요. 상식적으로 생각해
도, 자제력이 있는 사람은 무슨 일을 당해도 소란스럽게 떠벌
리지도 않겠죠?

토 그래요. 저도 뭔가 그에게 사정이 있었을 거라고 생각하면서,
정말 속았는지 아닌지도 확신하지 못한 채 울다 지쳐 잠들곤
했어요.

아 그들은 대부분 '나쁜 의도는 없었다'고 말하죠. 뭐, 그건 그렇

겠죠. 실제로 여성들의 호의에 기댄 것뿐이니까요.

토 맞아요. 나중에 들으니 저에게 상처를 줄 생각은 없었다고 하더군요. 게다가 남자가 슬픈 얼굴로 괴로워하는 모습을 보면 이 사람도 처음부터 나쁜 사람은 아니란 생각이 들어서 어느새 용서하게 돼요. 이런 게 바보 같은 짓이었군요.

상대에 대한 배려보다 당신의 감정이 소중하다

아 당신은 경제력이 있고 사람을 용서할 줄 아는 마음도 가졌죠. 그런 견실함을 교묘하게 이용하는 인간은 사라지지 않아요. 그러니 당신도 상대를 고르는 안목을 길러야 합니다.

토 그렇게 비싼 수업료를 지불했는데도 전 아직 잘 모르겠어요. 어떤 점을 조심해야 하는 건가요?

아 그럼 오늘은 특별 강의를 하죠. 지골로를 격퇴할 수 있는 처방전은 '이해력이 부족한 여자가 되는 것'이에요. 남자가 뭘 원하건 당신이 받아들일 수 없는 부분에 대해서는 결연한 태도를 취해야 해요. 그리고 자신의 약점을 이용하려고 하는 남자를 수상하게 여겨야 합니다. 물론, 당신의 약점을 찾아내는 남자도 주의해야 하죠.

토 죄송하지만 이해가 잘 안 되네요. 그 약점이란 어떤 것들을 말하죠?

아 당신이 경계하는 것들을 생각해보세요. 어리광하면 안 돼, 울면 안 돼, 반론해도 안 돼, 화내선 안 돼……. 보통은 이렇게 억압되어 있는 것들이 약점으로 작용하기 쉽죠.

토 무섭네요. 저는 '자제'를 중요한 덕목으로 여기고 있는지라 거기서 벗어나는 게 좀처럼 안 되는 것 같아요. 일부러 허점을 보이는 것도 어렵고……. 어디서부터 어떻게 시작해야 할지 잘 모르겠어요.

아 우선은 원시적인 감각을 적당히 유지하도록 해봐요. 질투나 어리광, 짜증 등 순간순간 느끼는 감정은 그 순간 본인에게 꼭 필요한 것들이에요. 이건 좋은 감정, 이건 나쁜 감정 하는 식으로 구분 짓지 말고 자신의 솔직한 감정에 정면으로 마주해보세요.

토 평소에도 전 감정을 억누르고 있어서 그런지, 어떤 남자가 조금만 친절하게 대해주면 금방 빠져들고 말아요. 이 사람 말고는 날 알아주는 사람이 없다는 생각이 드는 거죠. 그런데 돌이켜 생각해보니 뭐가 문젠지 알겠어요. 그 사람 외에 다른 사람에게는 내 기분을 드러낸 적이 없으니, 그게 당연한 거였어요.

아 어떤 기분이든 일단 스스로 인정해버리면 더 이상 약점이 될 수 없어요. 앞으로 지골로 따위는 발도 못 붙이는 여자가 되는 것을 목표로 하죠!

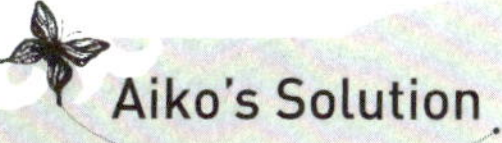

Aiko's Solution

···어린아이처럼 어리광하고 싶은 마음을 숨기고, 필사적으로 어른을 연기하고 있는 당신. 애인 대신 아들이 필요한 것이라면 지골로를 만나는 것도 나쁘지 않겠죠. 하지만 그런 것이 아니라면 하루라도 빨리 그들에게서 벗어나야 합니다. 여자에게 기대서 사는 남자들은 어차피 또 다른 먹잇감을 찾아 그렇게 살아갈 거예요. 그들은 항상 여리고 심성 고운 여자를 찾아다닙니다. 그들의 욕구를 충족시켜 줄 사람이 꼭 당신일 필요는 없으니까요. 상대방을 배려하는 마음보다 자신의 욕구가 더 소중하다는 걸 잊지 마세요.

자신을 버리면서까지
헌신할 만한 사랑은 없다

연애와 결혼은 서로가 서로에게 가장 소중한 사람이라는 믿음을 전제로
한다. 그런데 두 사람의 마음에는 항상 온도 차이가 있게 마련이다. 사랑
의 감정에 매몰되어 놓치고 있는 그의 진심을 읽을 줄 알아야 한다.

Q **세이코** | 29세, 프리랜서 MC

남자친구와는 거의 부부처럼 생활하고 있어요. 며칠 전, 그의 집
을 청소해주러 갔다가 그가 잊고 간 수첩을 발견했어요. 저도 모
르게 그의 수첩을 펼쳐보게 되었죠. 그런데 회사에 일이 있어 출
근한다고 했던 날짜에 여자이름과 약속장소가 적혀 있고, 하트
마크까지 그려져 있는 게 아니겠어요! 안 그래도 최근 들어 유난
히 피곤해보이고 말수도 줄어든 것 같아 신경이 쓰이던 참이었
는데……. 그에게 저 말고 다른 여자가 있는 걸까요? 그의 마음
은 이미 변한 걸까요?

그의 마음이 나만의 것이 아니라는 불안감

아이코 선생(이하 '아') 이런! 혼자 고민하면서 많이 힘들었겠어요. 그
래서 어떻게 했나요?

세이코 씨(이하 '세') 모른 척했어요. 아무런 내색도 안 했죠. 그날도 그
냥 세탁소에서 옷을 찾아오고, 청소를 하고, 저녁
식사를 만들어 두고 나왔어요. 그와 얼굴을 마주
하는 것도 두렵고, 뭐라고 말을 꺼내야 할지도 모
르겠고……. 하지만 그 뒤론 그 사람 집에만 가면
저도 모르게 그가 다른 여자를 만나고 있다는 증
거를 찾게 돼요. 그러면 안 된다는 생각 때문에 죄
책감이 들면서도 멈출 수가 없어요.

아 그래서, 뭔가 다른 증거라도 발견했어요?

세 책상 서랍에서 성인 DVD를 몇 개 찾긴 했는데……. 그런 것
도 실은 좀 충격이었어요.

아 어떤 부분에서요?

세 따로 만나는 사람이 있다거나 성인 DVD를 본다는 건 아무래
도 나 하나로는 만족이 안 된다는 뜻인가 싶어서…….

아 그건 좀 '오버'네요. 아무튼 우발적인 '가택수사' 덕분에 갑자
기 자신감이 없어진 것 같군요.

세 네, 맞아요. 저도 상황판단은 잘 안 되는데, 불안해서 견딜 수
　　가 없어요. 전 어떻게 하면 좋을까요?

아 우선은, 혼자서 너무 앞서가고 있는 게 아닌가 싶네요. 마치
　　사춘기 아들의 방에서 야한 잡지를 발견하고 깜짝 놀란 엄마
　　같은 느낌이 들어요.

세 그런 비유는 좀 그러네요. 이건 진짜 심각한 문제 아닌가요?

헌신만으로 그의 마음을 붙잡을 수는 없다

아 그나저나 그런 패닉 상태에서도 청소를 하고 요리를 했다니
　　놀랍네요.

세 제 스스로도 그 부분이 의아해요. 전 항상 남자친구 때문에
　　불안해지면 그의 방을 구석구석 청소하거나 손이 많이 가는
　　요리를 만들거나 이불빨래를 해요. 그러면 저도 모르게 차분
　　해지거든요.

아 이불빨래……. 훌륭하네요. 하지만 모든 게 그가 원해서가 아
　　니라, 스스로의 기분을 진정시키기 위해서라는 거군요.

세 그런 것 같아요.

아 마음이 좀 아플지도 모르지만, 그냥 물어볼게요. 혹시 당신도
　　모르는 사이에 오로지 헌신하는 것으로 그의 마음을 붙잡으

려는 건 아닐까요?

세 그런 걸까요? 하지만 전 그만둘 수가 없어요. 불안할수록 오
히려 그에게 온 힘을 쏟게 되죠.

아 불안 때문에 부산스럽게 움직이고 있을 때, 그 순간, 그곳에
그는 없는 거군요. 그렇다면 당신은 자기 안에 괴물을 키우고
있는 것이나 다름없어요.

세 그건 저희가 최근에 별로 대화를 하지 않는 것과도 관련이 있
을까요?

아 그건 정확히 모르겠네요. 하지만 평범한 남자라면 누구나 사
랑에 대한 갈증과 불안에 사로잡힌 여자친구가 항상 곁에 붙
어 탐색하는 것을 숨 막힌다고 느낄 수 있어요.

그와 상관없이 당신 자신의 인생을 살아라

세 지금 그 말씀, 충격적이네요. 그 말만은 정말 듣고 싶지 않았
거든요. 그가 건강하고 활기차게 생활하는 게 저의 행복이었
고, 그래서 어떻게든 그의 버팀목이 되어주려고 항상 노력했
어요. 그런데 그는 제가 빨아준 속옷을 입고 다른 여자와 바
람을 피웠을지도 모른다고요. 제가 청소한 그 방에서요…….
아, 이건 아닌 것 같아요! 아무리 애를 써도 냉정하게 생각할

수가 없어요.

아 자, 마음을 좀 가라앉히세요. 질투의 불을 끄려면 그를 소유
하려는 마음을 버려야 해요. 그리고 그렇게 계속 엄마처럼 굴
다보면, 아이가 성장하면서 부모의 곁을 떠나는 것처럼, 그
역시 당신에게서 멀어지게 될 거예요. "엄마, 지금까지 고마
웠어요. 저, 멋진 사람을 발견했어요"라면서 말이죠.

세 그를 위해 제가 할 수 있는 일이 더 이상 없는 건가요? 그의
인생에 전 더 이상 필요하지 않은 건가요? 그렇다면 제 인생
에는 아무것도 남는 게 없어요. 선생님, 전 이제 어쩌면 좋죠?

아 그런 일로 남는 게 없는 삶이라면, 처음부터 당신의 마음에는
커다란 구멍이 있었던 것 같군요.

세 제 마음에 구멍이 있었다고요?

아 네. '그 사람만 내 곁에 있어주면 난 행복해'라는 건 듣기에는
좋은 소리지만 정작 자신은 없어져버린 것과 같아요. 좀 더
궁극적인 처방전을 드리죠. 그에게 맡겨둔 당신의 인생을 회
수해오세요.

세 이제 와서요? 전 진심으로 그를 위해 제 인생을 바쳐도 좋다
고 생각해왔어요.

아 미안하지만 그 부분은 제가 도와드릴 수가 없네요. 그가 바람
을 피우든 말든, 계속 만날 것인지 아닌지 확실히 정하세요.

스스로 자신의 인생을 다시 시작하지 않으면 지금처럼 정체를 알 수 없는 불안은 사라지지 않을 거예요.

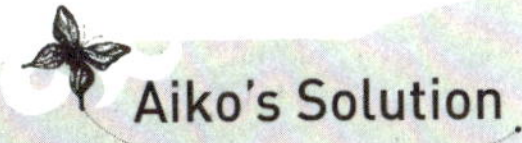

Aiko's Solution

••• 순수하게 사랑을 바치고 싶은 상대를 발견하는 것, 그것만으로도 평생 완벽한 행복이 보장될 것이라고 생각하는 여자들이 있습니다. 하지만 그것은 착각이에요. 진정한 사랑을 찾아 연애를 하고 결혼을 한다 해도 그 역시 인간관계의 하나일 뿐이죠. 그러니 연인이나 부부관계도 인간관계의 법칙을 벗어날 수 없습니다. 그와 연인이 되거나 부부가 되면 일심동체가 될 것이라고 생각하세요? 천만에요! 두 사람의 몸과 마음은 각각 자신의 것입니다. 그러니 각자 자신의 인생을 가꾸면서 두 사람만의 관계를 만들어가야 합니다. 자신의 인생을 가꾸는 일을 소홀히 하지 마세요.

반복되는 희생 뒤에 억눌린
욕구가 불만을 불러일으킨다

맹목적으로 헌신하고 싶은 상대가 있다는 건 행복한 일일 수도 있다. 하지만 그 헌신의 대가로 상대의 사랑을 바라고 있다면 이야기는 전혀 달라진다. 그것은 진정한 헌신도, 견고한 행복도 아니다.

Q **와카코** | 37세, 세무사

대기업에 다니던 그가 독립한 지도 벌써 5년째네요. 창업 초기, 저는 수입이 불안정한 그를 위해서 많은 일을 했어요. 제 집에서 함께 살며 의식주를 책임졌죠. 회사에서도 경리, 비서, 기사까지 제가 할 수 있는 일들은 다 해줬고요. "회사가 안정적인 궤도에 오르면 내가 다 보답할게"라는 그의 말을 철석같이 믿었어요. 하지만 회사가 안정되자 그는 밖으로 돌기 시작했어요. 집에 안 들어오는 날도 많아졌죠. 전 항상 제 일보다 그의 일을 우선시해왔는데, 이젠 그와의 미래가 전혀 보이지 않아요.

불만은 채워지지 않은 욕구 때문에 생기는 것

와카코 씨((이하 '와') 마치 아들을 키우는 엄마 같은 얘기죠?

아이코 선생(이하 '아') 무슨 말씀이시죠?

와 그는 저를 더 이상 여자로 보는 것 같지도 않고, 여러 면에서 이용 가치가 있다고만 생각하는 것 같아요. 제가 절대 배신하지 않을 걸 알고 있으니까 점점 저를 막 대하는 것 같기도 하고요.

아 그렇게 생각할 만한 일이 있었나요?

와 최근엔 갑자기 출장을 가게 되어도 제게 연락을 안 하는 거예요. 또 제가 메시지를 보내거나 전화를 해도 대꾸가 없어요. 그가 제게 연락하는 건 자기가 곤란하거나 갑자기 용건이 생겼을 때뿐인 것 같아요.

아 필요할 때만 당신을 이용하고 있다는 느낌이 드네요.

와 그렇다니까요! 저는 제 근무시간 중에도 짬을 내서 그의 일을 돕고 있는데, 제가 급한 일로 그에게 도움을 청하면 그는 서슬 퍼런 얼굴로 "난 사장이야. 그렇게 자잘한 일까지 내가 하기는 좀 그렇잖아?"라고 해요.

아 그는 어쩌면 당신을 직원이라고 생각하는 건지도 모르겠네요. 연인관계에 일을 끌어들이는 건 아무래도 득보다 실이 많답니다.

와 네, 정말 그런 것 같아요. 어느 사이엔가 그는 제게 존대를 받아야 하는 위치가 되었어요. 예전에는 그런 사람이 아니었는데…….

아 흔히들 직책이 사람을 만든다고 합니다. 어쨌거나, 당신의 불만이 뭔지는 대강 알겠어요. 그렇다면 당신은 그가 어떻게 해주기를 바라나요?

와 그렇게 물으시니 딱히 뭐라고 해야 할지 모르겠네요.

아 불만이라는 건 욕구가 채워지지 않을 때 생기는 법이에요. 전 당신의 욕구가 무엇인지 궁금하네요.

욕구를 억누르면 의욕도 사라진다

와 그렇군요. 그런데 제 욕구에 대해서는 딱히 생각해본 적이 없어요. 최소한 그가 제게 감사해하면 좋겠다는 정도?

아 자, 그럼 이렇게 한번 생각해볼까요? 내일부터 그가 마치 다른 사람이 된 것처럼, 어떤 일에 대해 "고마워, 당신 덕분에 살았어!"라고 말한다고 생각해보세요. 그러면 좀 해결될 것 같나요?

와 음……. 기분은 한결 나아질 것 같은데, 그다지 만족스럽지는 않네요.

아 그래요. 그러면 또 어떤 것이 있을까요?

와 솔직히 전 결혼이나 출산이 걱정이에요. 물론 이대로 그의 비서 같은 역할에 그칠 리는 없겠지만, 요즘 전 제가 바라는 것에서 점점 멀어지는 느낌이 들어요.

아 조금 짓궂게 들리겠지만, 순수하게 그의 성공을 위해서 도왔다기보다는 그가 은혜를 갚길 바라며 노력해왔다, 뭐 그런 얘기인가요?

와 계산적인 사람으로 보이겠지만, 분명 그런 마음도 있었어요. 사업이 안정되면 제게 잘해주겠다고 했던 그의 말, 그 한마디를 믿고 지금까지 버텼으니까요.

아 그렇다면 당신은 순수하게 그의 꿈을 지지한 건 아니라는 거군요.

와 결국은 그런 셈이네요. 아마 그쯤에서 불만이 시작된 것 같아요. 나이는 계속 차고, 아이도 빨리 낳고 싶은데, 그는 전혀 그럴 생각이 없어 보이거든요.

아 그렇군요. 그래도 스스로 자신의 욕구를 솔직하게 인정할 수 있어서 다행이네요.

와 그런가요? 사실 전 결혼이나 출산 문제가 그의 성공을 위한 희생을 가로막는 장애가 된다는 생각 때문에 괴로웠어요. 큰

꿈을 그리는 그에게 결혼 애기를 꺼내려니 제가 속물처럼 느껴져서 아예 이야기도 꺼낼 수 없었어요. (눈물)

아 괜찮아요. 속물이면 어떤가요. 스스로의 욕구를 너무 억누르다보면 의욕도 사라지고 말아요.

와 그렇지만 제가 결혼과 출산을 단념하면 모든 것이 안정을 되찾을 거라는 생각을 떨쳐버리기 어려웠어요.

아 그리 쉽게 안정이 될까 모르겠네요. 마음속으로 대가를 기대하고 욕구를 억누르면서 지내다보면, 참아온 만큼 보상받고 싶은 심리가 생기게 마련이에요. 그렇게 되면 지금까지의 희생도 아름다웠다고 할 수 없죠.

과분한 자기희생 뒤에 숨겨진 복수심

와 그 말씀 좀 더 자세히 해주시겠어요?

아 뭐, 생각하는 방법 중의 하나라고 생각하시면 돼요. 어떤 여자가 한 남자에게 최선을 다해서 헌신한 결과, 그 남자가 여자를 절대적으로 의존하게 되었다고 한다면, 그건 바꿔 말하면 정신적으로 여자가 남자를 지배하게 되었다는 이야기에요. 그렇게 되면 그건 이미 사랑이 아닌 '복수'의 영역에 속하게 되죠.

와 무섭네요. 하지만 저도 가끔 그런 기분을 느꼈던 것 같아요. '잘난 척은 혼자 다 하지만 사실 내가 없으면 아무것도 못하잖아'라고 생각한 적이 있거든요.

아 그렇게 자신의 불만을 억누르고 외면할 때마다 '나는 중요하게 생각하지 않아도 돼. 하지만 그러면 내가 당신을 진심으로 존중할 수 있겠어?'라고 마음속으로 메시지를 보내온 건 아니었을까요?

와 그런 것 같기도 해요. 어쩌면 그가 괴물이 되어버린 것에 대한 책임은 제게 있을 수도 있겠네요.

아 뭐, 그런 면이 있을 수도 있죠. 하지만 무엇보다 당신 스스로가 앞으로 어떻게 하고 싶은가, 이것이 가장 중요해요. 지금 상대와의 관계를 재정비할지, 일단 그를 끊어내고 자신의 길을 찾아갈 건지. 혹은 현재 상태를 유지할 수 있을 때까지 유지해볼 것인지……. 뭐든지 가능하겠죠.

와 제 선택에 따라 인생이 달라진다는 말씀이시군요. 알겠습니다. 이 문제만큼은 도망치지 않고 진지하게 생각해볼게요.

••• 불만이 쌓여갈 때 우리는 자신에게 '욕구'가 있다는 것을 잊어버리기 쉽습니다. 자신이 바라는 것이 무엇인지, 어떤 도움을 원하고 있는지는 웬만큼 마음이 잘 통하는 상대가 아닌 이상 절대 알 수 없죠. 정말 싫어하는 사람이 친한 척하며 다가올 때 당신은 어떻게 하나요? 애타게 갖고 싶던 것이 주어졌을 때 애써 여유로운 미소를 지으며 사양해 본 적은 없나요? 과도한 자기희생과 인내는 '당신'이라는 사람을 알기 어렵게 합니다. 원하는 것을 손에 넣기 위해서는 자신의 마음에 스스로 솔직해질 필요가 있답니다.

그에게 요구하기 전에
당신이 먼저 변해야 한다

'남의 뒤치다꺼리만 하는 건 질색이야!' 이성적인 사람이라면 누구나 그렇게 생각한다. 하지만 사랑에 빠지면 이런 생각은 어디론가 사라져버린다. 단호한 태도를 취하지 못하고 상대에게 끌려 다니게 되는 것이다.

Q **사에코** | 34세, 인터넷 쇼핑몰 경영

제 남자친구는 기본적으로 친절하고 좋은 사람이지만, 문제가 하나 있어요. 그는 심각한 도박중독이에요. 게임에서 돈을 다 잃고 더 이상 카지노에 못 가게 되면 불안 증세를 보이고, 여러 이유를 들며 돈을 빌려달라고 눈물 섞인 호소를 해요. 그때마다 저는 그가 다시 카지노에 갈 거란 사실을 누구보다 잘 알고 있고, 빌려준 돈을 받지 못하리란 것도 잘 알고 있지만, 결국 마음이 약해져서 돈을 건네고 말아요. 그가 도박을 그만두게 할 방법은 정말 없는 걸까요?

그를 변화시킬 수 있다고 생각하지 마라

아이코 선생(이하 '아') 정말 어려운 질문이 '상대에게 무엇인가를 시킬 수 있는 방법을 알려주세요'라는 거죠.

사에코 씨(이하 '사') 어머, 그래요?

아 네, 이건 정말 어려운 이야기죠. 당사자가 하고 싶어 하는 걸 못하게 하고 싶다는 얘기니까요.

사 하지만 선생님, 어쨌거나 도박은 그만두게 해야 되잖아요! 도박으로 돈을 벌 수도 없을뿐더러 이기고 지는 데 따라 감정이 휩쓸리는 것도 어른스럽지 못한 일이니까요. 그렇게 도박에만 빠져 있으니 사람들과의 교류도 거의 없는 것 같아요.

아 도박을 하지 않는 사람 입장에서는 타당한 의견이죠.

사 제가 어떻게 해야 그가 도박을 그만둘까요?

아 그를 바꿀 수 있을 것이라고 생각하세요? 차라리 당신이 변하는 게 쉽지 않을까요? 사람은 그렇게 쉽게 변하는 게 아니랍니다.

그를 변화시키고 싶다면 요구하지 말고 부탁해라

사 그렇다면 그가 스스로 도박을 그만두고 싶게 만들 수는 없을까요?

아 그렇다면 그에게 부탁을 해보는 건 어떤가요?

사 제가요? 하지만 전 단지 그가 성실한 생활태도를 갖길 바랄 뿐이에요. 그런 게 제가 부탁을 해야 하는 문제인가요?

아 그가 변했으면 좋겠다고 생각하는 건 당신이잖아요? 그렇다면 "내 생각을 한번 들어보지 않을래?", "나와 함께 건설적인 인생계획을 세워보지 않을래?" 하고 그의 의사를 타진해보는 것이 결정적인 역할을 할 수도 있답니다.

사 하지만 뭔가 굴욕적이네요. 왜 제가 그렇게까지 해야 하죠?

아 솔직하게 대답해보세요. 돈을 빌리는 건 이제 어지간히 하라고, 정말 싫다고 생각하고 있죠? 본인의 생활도 있을 테고, 빌려준 돈을 받지 못하면 그에 대한 불신은 더욱 커지겠죠. 그가 카지노를 전전하는 동안 혼자 남겨져 외롭고, 그와의 결혼은 생각하면 할수록 불안만 가중되고……. 이래선 계속 혼자서 괴로울 뿐이에요.

사 아, 말씀만 들어도 너무 괴로워요!(눈물)

아 이런, 이런! 울지 마세요. 보세요. 당신은 지금 말만 들어도 눈물이 쏟아질 만큼 힘들고 불안해하고 있어요. "도박은 제발 그만둬"라고 그를 설득하려 하지 말고, "당신이 도박을 그만두는 것이 내게 큰 도움이 된다"고 말하는 편이 그의 마음을 움직일 가능성이 높아요.

사 말씀하셨던 '부탁'이라는 건 그런 뜻이었군요.

그를 돕는다는 게 실제로는 그를 망치는 것일 수도 있다

아 그에게 부탁하는 일 외에 당신이 할 수 있는 일이 있어요.

사 그게 뭔가요?

아 그에게 돈을 빌려주는 건 이제 그만두세요.

사 하지만 그건 좀 어려울 것 같아요. 제가 돈을 빌려주지 않아
서 이상한 곳에서 사채라도 쓰면 큰일이잖아요.

아 그건 당신이 걱정할 일이 아니에요. 그런 곳에서 돈을 빌릴
정도라면, 좀 따끔한 맛을 보는 게 그가 자제심을 기르는 데
도 도움이 될 거예요.

사 그때까지 내버려두란 말씀이신가요?

아 그래요. 당신이 돈을 빌려주는 건 카지노에 가기 위한 자금을
공급하는 것과 다를 바 없어요. 도박자금을 대주는 당신이 있
는 한 그는 실질적으로 피해를 입었다고 느끼지 못할 거예요.
이런 상황이 반복되면 그는 도박을 그만둘 이유를 느끼지 못
할 거예요.

사 세상에! 언젠가는 그만둘 거라고 생각했는데……

아 당신이 그의 뒤를 봐주면 봐줄수록 당신에 대한 의존을 조장
하는 셈이라고 할 수 있죠.

사 대학 때 수강한 심리학 강의에서도 그런 얘기를 들었던 것 같
아요.

아 네, 심리학 이론에도 있죠. '이네이블러(Enabler: 본인은 상대를
도와주고 있다고 생각하지만 실제로는 그를 망치고 있는 사람)'라고
합니다. 결국 그가 도박을 계속 하게 만든 '공의존(共依存: 인간
관계에서 일어나는 하나의 중독증으로, 상대에게 필요한 사람이 됨으
로써 자신의 존재 의미를 발견하고 보람을 느끼는 현상)' 파트너는 당
신이라는 결론이 나오는 거죠.

사 정말 충격적인 얘기네요. 하지만 이제 와서 갑자기 돈을 빌려
주지 않는 것도 좀 그렇지 않을까요?

아 현재의 상황을 바꾸고 싶다면 당신 스스로도 미련 없이 바뀌
어야 해요. 그렇게까지 할 이유가 없는 상대라면, 그냥 그와
헤어지는 게 나을 겁니다.

사 하지만 그와 헤어진다는 건 그렇게 쉽게 생각할 수 있는 문제
가 아니에요. 물론 저도 많이 고민해야 할 상황까지 와버렸다
는 건 인정해요.

아 당신이 그와 헤어질 수 없다면 평생 그의 도박을 전폭적으로
지원하며 살게 될 수도 있다는 것을 기억하세요.

사 아, 선생님! 그건 무리에요. 잘 알겠습니다. 오늘 집에 돌아가
　　면 그와 진지하게 이야기를 해봐야겠어요.

아 진정으로 그를 돕는 방법이 무엇인지 잘 생각해보세요.

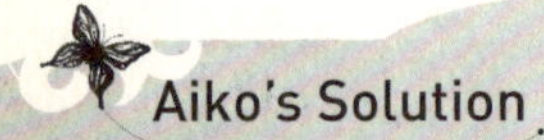

Aiko's Solution

• • • 곤란한 상황에 빠진 사람이나 약자를 돕겠다는 마음이 앞서다
보면 오히려 일을 그르칠 수 있습니다. 물론 시작은 좋은 의도였을 거
예요. 하지만 자신의 의도와 상관없이, 이런 일을 수시로 벌어집니다.
당신은 상대의 능력을 자꾸 깎아내리고 있지 않나요? 지나친 배려와
도움 때문에 그는 마땅히 져야 하는 책임을 회피하는 사람이 되고, 이
는 돌고 돌아 결국 당신의 목을 조르는 약점이 될 것입니다. 필요하다
고 생각될 때는 마음을 독하게 먹고, 냉정하게 내버려두는 것도 사랑
의 한 가지 방법이라는 걸 기억하세요.

type 2 지고지순 순애보적 연애

사랑이란 제단에 바쳐진 희생양

솔직하고 배려가 깊은 당신. 하지만 당신은 그 한결같은 마음을 이용하는 남자에게 약하고, 그가 말하는 대로 움직이기 쉽다. 자존심을 지키면서 상대와 대등하게 이야기할 수 있는 강단을 몸에 익혀야 한다. 그것이 당신의 사랑을 지키는 유일한 방법이다.

다른 사람의 의견에 휘둘리지 말고
자신의 생각에 집중하라

당신이 '멋있다!'라고 생각한 남자를 다른 사람이 트집을 잡으면 어떤가?
갑자기 자신이 없어지면서 흥미를 잃게 되지는 않는가? 그런 경험이 있
다면 당신은 사랑이라는 이름 아래 타인에게 지배당하는 것일 수 있다.

Q 아유미 | 30세, 빌딩 리셉션 근무

결혼에 관한 고민으로 머리가 복잡해요. 좋은 사람과 인연이 닿
아도 결혼까지 골인하기는 쉽지 않네요. 만나고 있는 사람을 부
모님이나 친구들, 직장 동료들에게 소개하면 언제나 누군가가
꼭 반대를 해요. 그러면 한순간에 마음이 식어서 결혼에 대한 흥
미도 사라지고, 그렇게 사랑을 속삭였던 그와도 어색해져서 이
내 헤어지는 패턴을 반복하고 있어요. 제가 너무 줏대가 없는 것
일까요? 얼마나 지나야, 어떤 사람을 만나야 모두에게 축복받는
결혼을 할 수 있을까요?

아이코 선생(이하 '아') 구체적으로, 누가 어떤 식으로 반대를 하나요?

아유미 씨(이하 '유') 예를 들자면, 근사한 외모에 대기업 영업부에서 일하는 남자를 만난 적이 있어요. 그때 한 '돌싱' 친구가 "얼굴이 번지르르하고 말만 잘하는 타입은 안 돼. 언젠가는 바람날 게 분명하다니까! 만나는 건 좋지만 결혼만큼은 진지하게 다시 생각해봐'라며 절 설득했어요.

아 그래요……. 또 어떤 경우가 있죠?

유 한 번은 막 사업을 시작한 남자와 만난 적도 있어요. 이때는 언니가 "혹시 사업이 망하면 어쩌려고? 자영업은 연금도 없잖아!"라며 결사적으로 반대했어요. 형부는 10년차 공무원이거든요.

아 그렇군요. 그리고 또 있나요?

유 그래서 그 뒤엔 회사원을 만났죠. 그런데 이번에는 엄마가 그의 회사를 들먹이며 "거기, 뭐하는 회사인데? 들어본 적도 없는 회사에 다니는 사람은 좀 그렇다"며 반대를 하시는 거예요. 저희 친척들은 모두 대기업에 다니거든요.

아 혹시…… 아직 더 있어요?

유 그럼요! 이직 경력이 있는 남자를 만났을 땐 아빠가 "직장을 자주 바꾸는 인내심이 없는 남자는 신뢰할 수 없다. 난 만나보고 싶지도 않다"라며 반대하셨어요. 저희 집은 아버지가 '안 돼'라고 한번 말씀하시면 뒤집을 수가 없어서…….

아 그렇군요. 그런 상태라면 어떤 사람을 데려가도 트집 잡힐 것 같은데요! 하지만 당신이 가족과 친구들에게 사랑받고 있다는 건 잘 알겠군요.

유 모두들 '너를 위해서'라고 이야기하고 있지만, 제 나이도 벌써 서른이에요.

아 이렇게 말하면 주변분들이 어떻게 생각할지 모르겠지만, 사실 '너를 위해서'라는 건 애정의 모습을 빌린 '지배'라고 볼 수도 있어요.

유 지배라고요? 전 가족과 친구들의 이야기를 애정 어린 충고라고 생각했는데…….

아 네, 충고나 조언의 형태를 띠고 있긴 하죠. 하지만 지배라는 시각에서 본다면, 당신은 타인의 입장이나 가치관으로 당신의 인생을 살고 있는 셈이죠.

유 듣고 보니 그런 것 같아요. 다들 자신의 가치관을 기준으로 이야기하는 것이었네요.

아 애정이라는 이름의 지배가 다 나쁜 것이라고 단정 지을 수는 없어요. 하지만 계속 누군가의 어드바이스를 일방적으로 받아들이게 되면 당신 자신의 인생을 살고 있다고 말하기는 어렵죠.

융통성 없는 '어드바이스'는 '지배'의 시작 

유 사실 저는 뭔가를 할 때도 누군가에게 허락을 받지 않으면 좀 불안해요. 꼭 그래야 한다는 생각이 들기도 하고요. 하지만 또 다른 삶의 방식도 있는 거겠죠?

아 가장 먼저, 모두가 'OK'라고 하는 사람이 아니면 결혼할 수 없다는 생각을 버리세요.

유 그래도 될까요? 제 마음대로 그렇게 결정해도……?

아 그럼 이렇게 생각해봐요. 부모님과 친구들이 '완벽하다'고 평가할만한 남자를 만나게 됐어요. 그런데 하필 당신은 그 사람에게 마음이 가지 않아요. 그럼 어떻게 할 건가요?

유 물론 싫겠죠! 싫을 거예요!! 하지만 모두가 좋은 사람이라고 평가하는 사람이라면 제가 조금만 참으면 어떻게든 되지 않을까요?

아 당신은 소중한 사람들이 'OK'라고 한다면 본인이 참아서라도 잘 되게 하는 사람이군요. 하지만 그들도 그럴까요? 그들이 당신에게 맞춰주는 일은 없을 것 같은데요! 안 그런가요?

유 어머, 그렇게 말씀하시니 좀 불공평하다는 생각이 드네요. 제 의견은 전혀 존중받지 못하고 있는 것 같아요. 아, 이건 아닌데……. 좀 억울해요!(울음)

아 그러니 당신이 사랑이라는 이름의 어드바이스를 통해 지배를 받고 있는 것일 수도 있다는 거죠.

당신의 행복을 결정할 수 있는 건 당신 자신뿐

아 당신의 의견을 존중받지 못하고 있다고 느끼는 건 무언의 상하관계가 존재하기 때문일 수 있어요.

유 그 말씀은 정말 맞는 것 같아요. 부모님도, 친구들도 제가 야무지지 못하고 위험해 보여서 혼자 둘 수가 없다는 이야기를 많이 해요. 제가 잘못하고 있다는 건 알지만 사실 전 제 의견을 주장할 때마다 감정적으로 매우 복잡해지곤 하거든요.

아 그게 지배의 폐해죠. 척 보기엔 매우 사랑받고 있는 것 같지만 자신은 무력하다는 각인이 쌓여 있는 것이죠.

유 제가 항상 충고를 받아들이니까, 친구들도 부모님도 "넌 우리가 없으면 안 돼"라며 보람을 느끼고 있는 것 같은 느낌이 드네요.

아 하지만 당신은 무력하지 않아요. 당신은 이미 누군가의 'OK'
가 아닌, 자신의 'OK'를 찾는 첫 단계에 와 있는 것 같아요.

유 하지만 그것도 무서워요. 제가 결정했는데 행복해지지 못하
면 어떡하죠?

아 용기를 내세요. 다른 사람이 당신의 불행을 정해줄 수 없는
것처럼, 당신의 행복을 정할 수 있는 사람은 당신 자신밖에
없어요.

유 그렇군요. 수수께끼가 풀렸어요. 불안감은 아직 조금 남아 있
지만 이상하게 자유로워진 것 같아요.

아 지금 그 기분을 소중히 간직하세요. 스스로의 인생을 만들어
간다는 것은 결국 그런 경험을 하나하나 쌓아 나가는 것이니
까요.

ㆍㆍㆍ아무리 당신을 사랑하는 사람의 조언이라고 해도 그것이 항상 옳은 것은 아니랍니다. 아주 멋지고 옳은 일이라 해도 상대를 존중하는 마음이 없다면 그것은 지배욕을 드러내는 것에 지나지 않습니다. 상대를 존중하지 않을 때의 에너지는 무시, 불신, 의심 등의 키워드로 정의할 수 있습니다. 반대로 용기가 넘치거나 상황이 변하지 않아도 충만한 기분을 느낄 수 있는 키워드는 격려, 지지, 신뢰 등으로, 상대에게 힘을 전하는 에너지로 충만합니다. 어떤 에너지로 말을 하느냐에 따라 상대에게 끼치는 영향이 달라지는 것이죠. 자신을 즐겁고 기운 나게 하며 편안하게 하는 조언에 집중하세요.

헤어지려고 마음먹을 때마다
사랑이 샘솟는 마음의 계략

헤어지고 싶은 생각이 간절한데, 막상 헤어질 수가 없다? 게다가 시시때 때로 그가 너무 매력적으로 보인다? 이런 사랑이야말로 '천생연분' 혹은 '전생의 인연'이라고 믿고 있다면 하루 빨리 정신 차려야 한다.

Q **노리코** | 35세, 생명보험사 영업부 근무, 경력 3년차

입사 때부터 매월 할당량을 채우는 게 참 힘들었어요. 그런데 한 거래처에서 제 영업 할당량을 채워주곤 했어요. 그렇게 도움을 받다 보니 그 회사의 행사 준비를 돕는다든가 비서가 할 법한 일을 부탁받는 일이 많아졌어요. 처음엔 '이 정도쯤이야……' 하며 기꺼이 받아들였는데, 차츰 거래처 분과 연인관계로 발전하게 되었고, 지금은 부탁받는 일들이 너무 과하다고 느껴질 정도예요. 그는 유부남이라 적절한 선을 지키고 싶었는데, 저도 모르게 점점 빠져들고 있어요. 어쩌다 이렇게 된 걸까요?

부적절한 관계는 항상 불안을 동반한다

아이코 선생(이하 '아') 사면초가로군요! 하지만 그와 헤어지는 걸로 단번에 해결할 수 있을 것 같은데…….

노리코(이하 '노') 저도 헤어지고 싶어요. 하지만 헤어지려고 결심할 때마다 자꾸 다른 생각이 떠올라요.

아 어떤 생각 말씀이죠?

노 '이렇게 다정하게 대해주는 사람이 없는데', '그는 내가 힘들 때 나를 도와준 고마운 사람인데' 하는 생각이요. 이런 생각들을 제 스스로 되새기는 느낌이 들어요. 그리고는 결국 '역시 나는 그를 좋아하고 있다'고 결론 내리게 되죠. 이런 과정이 끝없이 반복되다 보니 사실 이젠 좀 지쳤어요.

아 그런데 그게 정말로 좋아하는 걸까요?

노 그런데 헤어지려고 생각하면 오히려 정이 샘솟는다고 할까, 그에게도 사정이 있을 텐데, 내가 떠나면 그가 너무 외로워질 텐데 하는 생각이 들어요.

아 그를 이해함으로써 자신의 기분을 받아들이고 있는 거군요. 뭐, 애인 사이니까요. 서로가 납득하고 있다면 아무 문제도 없는 거죠.

노 그렇게 말씀하실 줄 알았어요. 하지만 사실은 제가 바보 같다고 생각해요.

아 두 분이 다른 사람들은 모르는 세계를 공유하는 동안은 행복
했을 수도 있죠. 하지만 당신은 지금의 관계 자체를 불안해하
고 있는 것 같군요.

노 그런 걸까요?

아 부적절한 관계는 항상 불안을 동반합니다. 그의 호의도 진심
인지 확신할 수 없으니까요. 이런 의심의 구름 아래서 온전한
사랑은 이루어지기 어렵습니다.

심리적 모순을 벗어나기 위해 좋아한다고 믿어버린다

노 사실은 그가 정말로 싫어질 때도 있어요.

아 어떤 때 그런가요?

노 한밤중에 그가 불러내 밤거리를 함께 배회하거나, 저를 마치
운전수마냥 부려먹는다거나……. 이런 건 뭐, 일상다반사예
요. 그리고 섹스를 할 때도 피임에는 전혀 신경 쓰지 않아서
제가 약을 먹고 있어요.

아 이런, 이런! 드디어 판도라의 상자가 열렸군요! 당신은 아니
라고 하지만 마음속에는 불만이 꽤 쌓여 있었군요.

노 애초에는 일로 얽힌 관계인데, 어쩌다 그와 이렇게까지 되었

는지 비참한 기분이 들 때도 있어요. 하지만 선생님, 이렇게
불만이 많은데도 어째서 저는 그를 좋아한다고 생각하는 걸
까요?

아 음…… 별로 이야기 하고 싶진 않지만, 심리적인 계략의 일종
이라고 할 수 있어요.

노 심리적인 계략이라고요?

아 귀찮기만 한 사람, 싫어하는 사람, 성가신 사람, 대하기 어려
운 사람, 그럼에도 불구하고 그 사람이 친절하게 대하고 도움
을 베풀면 스스로의 마음속에 모순이 자라나죠.

노 아, 네…….

아 그런 모순이 생긴 상태를 '인지적 부조화'라고 해요. 그 부조
화를 해소하는 가장 손쉬운 방법은 그 상대를 '좋아한다'고 생
각해버리는 거죠.

노 아, 무슨 말씀이신지 알겠어요.

아 잘 들어보세요. 연애를 할 때는 서로 심리적, 물질적으로 많
은 것을 주고받습니다. 그런데 이때 조금이라도 덜 받은 쪽이
더 자유로울 수밖에 없죠.

노 맞아요. 저는 그에게 너무 많은 것을 받았어요. 그러니 의존
적인 상태를 벗어나기가 두려운 거죠. 제 사랑의 실체가 바로
그런 것이었다니…….(울음)

의존심에서 벗어나 자신이 가진 것을 돌아보라

노 아! 어째서 이렇게 되어버린 걸까요.

아 그러게요, 어째서 이렇게 되었을까요? 시간을 갖고 찬찬히 생각해보세요.

노 좀 어렵긴 하지만 뭔가 알 것 같은 기분이에요.

아 어떤 걸 말이죠?

노 지금 제가 선생님께서 제 고민을 해결해 주시길 바라는 것처럼, 전 그가 제 영업목표를 맞춰주기를 바랐어요. 그 사람의 말을 듣고 있으면 모든 게 다 잘 될 것 같았죠.

아 그래요, 지금 중요한 걸 깨달은 것 같군요.

노 누군가의 말을 고분고분 따른다고 해서 모든 일이 잘 될 거라는 건 환상이었어요. 제가 제 인생을 그에게 맡겨버린 이후로 모든 게 엉망이 되었어요. 전 3년이나 되는 시간을 허투루 산 거예요.

아 그렇게 자책하지 말아요. 전부 잘못된 건 아니니까요.

노 위로하지 마세요. 제가 얼마나 바보 같은지 충분히 느끼고 있으니까요.

아 지난 3년 간 당신은 필사적으로 새로운 일에 적응하고 성과를 내기 위해 노력하지 않았나요? 조금 왜곡된 형태였을지 모르지만, 모두 필사적으로 환경에 적응하려고 한 결과라고 생각해요.

노 맞아요, 저 정말 열심히 했어요. 영업부로 발령을 받아 불안했지만 정말 필사적으로 일했어요. 우리 회사는 성과가 안 나오면 가차 없이 잘라버리거든요. (울음)

아 이제 그런 건 다 지나갔어요. 지금은 자신을 희생해가면서 무리하지 않아도 괜찮지 않나요?

노 그럴지도 모르겠네요. 업무적으로도 괜찮은 평가를 받고 있고, 사내에 조언을 구할 수 있는 상사도 계시고, 우수한 부하 직원도 생겼으니까요.

아 그래요. 그건 당신이 스스로의 힘으로 얻어낸 중요한 부분이네요. 이제 스스로의 변화와 성장을 확인했으니, 지금의 당신에게 가장 어울리는 방법을 찾아 자신의 인생을 살아가면 되는 거예요. 의존심을 버리는 것만으로도 당신의 인생은 완전히 달라질 겁니다.

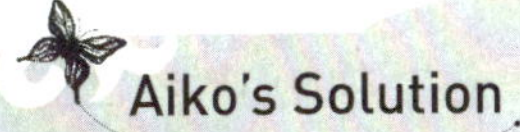

· · · 스스로 옳다고 믿어온 것들이 모두 틀린 것처럼 느껴질 때가 있죠. 갑자기 이런 식으로 혼란에 빠지면 불안하고 당황스럽겠지만, 이에 대한 대처방법은 여러 가지가 있습니다. 변화와 성장에 걸맞게 환경을 변화시키거나 위기를 기회로 삼아 이용하는 것이죠. 객관적인 시각을 유지하면서 생각하는 방식과 가치관을 바꾸려고 노력해 보는 것도 좋은 방법이죠. 고민을 거듭하는 중에도 잊으면 안 되는 것은 당신도, 상대도 매일 조금씩 변화하고 있다는 점입니다. 그리고 그 변화 속에는 언제나 '성장'이 포함되어 있습니다. 내일은 분명 오늘보다 조금 더 나은 하루가 될 거라고 믿으세요.

'No'라고 말하지 못하는 사이에
사라져버린 나

트러블 없이 순조롭게 흘러가는 일상. 다른 사람들은 행복해 보인다고 말하지만, 문득 '과연 나는 내 인생을 살아가고 있는 것일까' 하는 의문이 생긴다면? 스스로의 마음을 속이려 하지 말고 정면으로 맞서라.

Q 나오코 | 35세, 음악대학 강사

7살 연상의 남자친구를 사귀고 있습니다. 기본적으로 그는 좋은 사람이지만, '여자란 자고로 이래야 해'라든가 '넌 이렇게 생각하고 있지?'라는 식으로 저를 전혀 모르고 있는 것처럼 느껴지는 말을 하곤 합니다. 그런데 문제는 제가 어느새 그의 이상형에 저를 맞추려고 무리하고 있다는 겁니다. 제가 그에게 맞추면 맞출수록 그의 자신감은 팽배해지고, 저는 오히려 그에 대한 만족감이 떨어지고 있습니다. 그가 결혼 이야기를 꺼낼 때마다 혼란스러워요. 이런 위화감을 안은 채 결혼해도 되는 걸까요?

나오코 씨(이하 '나') 이렇게 생각하는 제가 바보 같은 걸까요? 그는 정말 제게 잘하거든요.

아이코 선생(이하 '아') 아니요, 그렇게 생각하지 마세요. 선의를 느끼는 부분은 사람마다 다르니까요. 당신이 느끼는 그대로 얘기해주세요.

나 전 항상 이런 식이에요. 저는 어릴 때부터 피아노를 배웠는데 또래에 비해 꽤 잘 쳤어요. 엄마는 항상 "우리 딸은 음악을 좋아하니까" 하며 저를 음대에 진학시키기 위해서 예비학교를 찾아 다녔어요.

아 그래서요?

나 결국 국립대 음대에 진학하고 대학원까지 다녔죠. 하지만 연주자를 목표로 하면 할수록 전 점점 더 미궁 속으로 빠지는 것 같았어요. 애초에 그럴 마음이 없었으니까요. 그때 교수님 중에 한 분이 "넌 가르치는 쪽에 소질이 있는 것 같은데"라며 다른 대학 강사로 추천해 주셨죠.

아 그래서요?

나 그래서 대학에서 학생들을 가르치게 되었죠. 그러니까 직업적인 면에서는 특별한 실패나 트러블을 겪지 않고 순조로웠다고 할 수 있죠. 그러다 다른 교수님께서 "넌 참하니까, 잘 어울릴 것 같다"며 지금의 남자친구를 소개해 주셨어요. 그는 꽤 괜찮은 집안의 잘 교육받은 사람이에요.

아 다른 사람이 들으면 부러워할 만큼 순조로운 인생이었군요.

나 그렇긴 하지만, 그와 함께 있으면 위화감에서 벗어날 수가 없어요. 이렇게 모든 일이 잘 풀리는데, 저는 종종 제가 누구보다도 불행하다고 느끼곤 해요. 그게 문제죠.

아 흠, 타인이 만들어준 행복으로는 만족감이나 충실감을 얻기 어려운 법이죠.

타인이 제시하는 대로 사는 인생의 주인은 누구인가

나 어째서 모두들 "당신은 이런 타입이지", "당신에겐 이런 게 어울려"라며 강요하는 걸까요?

아 당신이 바르고 순종적으로 보여서 그렇죠. 외모가 청초하고 가련한 분위기니까 더욱더 참견하고 싶은 거죠.

나 선생님, 제 인생에는 드라마가 없어요. 풍족하다고 느끼긴 하지만 그게 그렇게 좋은지는 잘 모르겠어요.

아 당신은 감정의 기복이 있는 드라마를 꿈꾸고 있군요?

나 딱히 자극적인 걸 바라는 건 아니지만, 이대로 다른 사람들이

제시하는 인생을 살아가며 나이를 먹는 것에 회의가 들어요. 혹시 지금이 마지막 기회가 아닐까 하는 생각도 들고요.

아 결국 지금이 스스로 자기 인생의 주인이 될 기회라고 생각하는 건가요?

나 네, 맞아요. 그래서 이대로 결혼을 진행하면 안 될 것 같다는 느낌이 들어요.

아 그렇군요. 그래서 이젠 어떻게 할 생각인가요?

나 잘 모르겠어요. 하지만 이대로는 안 되겠다는 생각을 하고 나니, 그의 강요 섞인 태도에 기분이 상해서 어떻게 해야 할지 고민스러워요.(울음)

아 그런데 왜 울어요! 늦었지만 이제라도 자아를 찾았으니 자신의 인생을 살아보면 되지 않을까요?

'NO' 라고 말하는 것을 두려워하지 마라

나 계속 이런 방식으로 살아왔으니, 어떤 걸 어떻게 바꿔야 좋을지 모르겠어요. 차라리 다른 사람이랑 도망쳐 버릴까요? 그렇게 되면 정말 드라마틱하겠죠?

아 뭐, 서두르지 말고 좀 기다리세요. 지금의 환경을 한꺼번에 전부 바꿀 필요는 없어요. 좀 더 리스크가 작은 드라마를 연출해 보는 것이 괜찮지 않을까요?

나 리스크가 작은 드라마를 연출하는 방법은 뭐예요? 어떤 식인가요? 제가 할 수 있을까요?

아 간단해요. 그저 가끔 'NO!'라고 거절하는 거죠. 그런데 지금까지 'NO'라고 해본 적이 있긴 해요?

나 …… 거의 없는 것 같아요.

아 다른 사람이 내 인생을 조종할 것 같다거나 원치 않는 일들이 벌어질 것 같다고 느낄 때 단호히 'NO'라고 표현하고 있는지 묻는 거예요.

나 하지만 다른 사람의 호의를 그런 식으로 거절하는 건 너무 무례하잖아요.

아 상대가 분명 호의를 갖고 얘기하는 걸 알고 있는데 거절하기란 쉽지 않은 일이죠. 그러면 상대의 시나리오에 균열이 생길 테니 말이에요.

나 네, 제겐 그게 힘든 일이에요. 상대방이 어떻게 생각할지도 모르겠고…….

아 그래요, 무슨 말인지 알겠어요. 하지만 모든 걸 일시에 집어던지는 것보단 이쪽이 리스크가 작을 텐데요…….

나 하긴 제가 누군가에게 'NO'라고 말하는 것만으로도 충분히 리스크가 크죠.

아 자, 한 가지 좀 편하게 생각할 수 있는 방법을 알려드리죠. "그
런 이야기를 하다니 실망이야" 혹은 "내가 알던 네가 아니야"
등의 반응에 겁먹지 말 것! 상대가 예상치 못했던 모습이야말
로 진정한 자신의 모습일지도 모르니까요.

나 그렇군요. 하지만 아무래도 저에게는 상당한 준비가 필요할
것 같아요.

아 괜찮아요. 천천히, 충분히 준비하세요. 그러는 동안에 지금의
환경이 나쁘지 않다는 생각이 들면, 그건 또 나름대로 괜찮을
수도 있어요. 중요한 것은 시나리오대로 움직이는 것이 아니
라 스스로 자신을 위한 행동을 결정하고 실천해 나가는 것이
니까요.

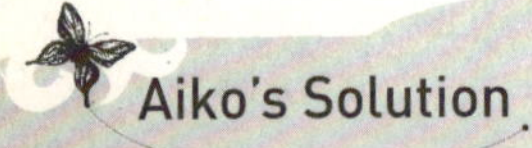

··· 아직도 순종과 정직을 미덕으로 여기며, 그것이 자신을 행복하게 만들 거라고 믿는 사람들이 많습니다. 순종과 정직은 분명 가치가 있는 미덕입니다. 하지만 그것이 항상 옳다고는 할 수 없어요. 상대방의 요구가 적절하지 않다고 판단될 때는 단호하게 'NO'라고 거절하세요. 그런 단호함이 여성의 자존심과 행복을 지켜줍니다. 단, 어린아이의 어리광처럼 느껴지는 'NO'라면 안 됩니다. 교양 있는 성인여성만이 철저히 계산된 아름다운 'NO'라는 비장의 수단을 가질 수 있답니다.

'좋은 사람' 노릇 하느라
진짜 중요한 것을 놓칠 수 있다

사람은 누구나 '좋은 사람'이라는 평가를 받고 싶어 한다. 특히 신념을 지키며 정직하게 살아온 사람은 비난받는 것을 견디지 못한다. 하지만 '좋은 사람'이라는 함정에 빠지면 오히려 행복은 점점 멀어지고 만다.

Q 사야카 | 31세, 교사, 경력 8년차

결혼약속을 했던 남자친구와 몇 달 전에 헤어졌습니다. 그런데 요즘 그에게서 "넌 나를 배신했다", "그냥 죽고 싶어"라는 내용의 전화와 메시지가 오는 통에 잠을 설치고 있어요. 그는 충분한 애정을 받지 못하고 자라서 그런지, 제게만 속마음을 털어놨던 것 같아요. 메시지와 전화를 무시해버리면 "넌 선생님이 되어갖고 도망치는 거냐?", "넌 결혼해서 아이를 기르거나 하면 안 돼" 같은 악담을 퍼부어요. 계속 이런 식이라면 못 견딜 것 같아요. 차라리 그와 다시 시작하는 편이 나을까요?

마인드 컨트롤 게임에 휘말리지 마라

사야카 씨(이하 '사') 그의 말처럼, 제가 정말 교사로서 자질이 부족한 걸까요?

아이코 선생(이하 '아') 그 분도 참 생떼를 부리는군요. 그와 헤어진 건 어떻게 보더라도 교사의 자격과는 아무 관계도 없다고 생각되는데요. 안 그런가요?

사 차분히 생각해보면 그런데, 자꾸 그런 말을 듣다보니 어떻게 된 건지, 그럴 때마다 머릿속이 새하얗게 되고 아무 것도 생각할 수가 없군요.

아 문제는 헤어진 지금도 그가 여전히 당신에게 지배력을 행사하는 데 있어요.

사 지금 그는 거의 바닥까지 간 것 같아요. 제가 그를 배신한 게 아니라고 충분히 설명하고, 다시 한 번 그를 받아준다면 예전의 관계를 회복할 가능성도 있지 않을까요?

아 잠깐만요! 예전의 그는 어땠는데요?

사 그는 정말 친절하고 다재다능한 남자였어요. 조금 이해하기 어려운 부분도 있었지만 그를 믿고 지지해주는 사람만 곁에 있다면 늘 차분하고 침착한 사람이었죠. 제가 부족해서 그를 포기했기 때문에 이렇게 된 것 같아요.

아 좋아요, 그가 나쁜 사람이 아니라는 건 알겠어요. 그건 그렇고, 어떤 경위로 두 사람이 헤어지게 되었나요?

사 그 사람은 자기가 쉬는 날, 제가 곁에 없는 걸 싫어했어요. 술을 잔뜩 마시고 절 불러내곤 했죠. 제가 학교 행사나 연수 때문에 주말도 없이 바쁠 때도 그렇게 행동하는 그를 보면 속상하고 짜증이 났어요. 계속 이런 식이라면 결혼해서 제가 일을 계속하는 건 힘들겠다는 생각이 들었죠.

아 당신 나름대로는 진지하게 생각하고 헤어졌다는 얘기네요. 그런데 그게 어째서 당신이 부족했기 때문에 헤어졌다는 결론으로 연결되죠?

사 선생님 말씀을 듣고 보니 그러네요.

아 그는 당신의 약점을 확실히 알고 있군요. 애써 그와 헤어졌는데, 이런 식이라면 곤란하죠. 먼저 그와의 마인드 컨트롤 게임에서 탈출해야겠군요.

양손 가득 짐을 들고 살아야 한다는 부담에서 벗어나라

아 당신은 '내가 좀 참으면', '내가 노력해서 해결할 수 있으면'이라고 생각하면서 항상 지나치게 최선을 다하고 있는 것처럼 보이네요.

사 맞아요. 뭔가 열심히 하지 않으면 안 될 것 같은 기분 때문인
것 같아요.

아 흠……. 하지만 뭐든지 다 본인이 하려고 하면 정말 중요한
일을 하지 못한 채로 인생이 끝나버리는 경우도 있답니다.

사 그 말씀은 그와의 일들은 제 인생에서 그렇게 중요한 일이 아
니라는 건가요?

아 그건 본인이 제일 잘 알고 계실 텐데요. 그와 헤어질 때 당신
이 우선적으로 고려했던 건 뭐였나요?

사 그건 제가 가르치는 아이들이었어요. 매일 밤 그와 다투느라
잠도 부족했고, 마음이 편치 못했어요. 그러다 보니 학교에서
멍하게 있을 때가 많아졌죠. 어느 날 보니, 아이들이 저를 걱
정하고 있더라고요. 얼마나 염원하고 노력해서 교사가 되었
는데, 이런 것 때문에 내 일을 소홀히 하면 안 되겠다는 생각
이 들었어요.

아 당신은 자신에게 어떤 것이 중요한지 이미 잘 알고 있네요.
아무리 열심히 사는 사람이라고 해도 언제나 양손에 짐을 가
득 들고 있을 필요는 없습니다. 오히려 한 손은 비워두어야
예정에 없던 일이 벌어졌을 때 빠르게 대응할 수 있답니다.

사 저는 여태껏 여력을 남겨두는 건 반칙이 아닐까 생각했어요.
열심히 사는 사람이라면 으레 양손 가득 짐을 들고 살아가야

한다고 생각했던 거죠. 제가 그동안 너무 정직하게만 살아온 걸까요?

당신에게 가장 중요한 것이 무엇인지 항상 기억하라

사 그 사람과는 어떻게 하는 게 좋을까요?

아 그냥 무시하면 어떨까요? 아무리 무시해도 메시지나 전화가 계속 들어와서 신경 쓰인다면 '그만두세요' 정도로 이야기하면 될 것 같은데…….

사 그렇게 하기엔 그가 너무 측은해요. 저러다 정말 무슨 일이라도 벌이면 어쩌나 걱정도 되고…….

아 대체 어디까지, 얼마나 '좋은 사람'이 될 건가요? 분명히 말하지만, 그의 메시지나 전화는 그가 당신을 소중하게 생각하고 있지 않다는 증거예요. 그는 분명 자기 생각밖에 안 하고 있다고요!

사 아, 무슨 말씀이신지 알겠어요. 그가 자신의 일만 중요하게 여기는 것, 사실 저도 늘 그게 서글프고 서운했어요. 그래도 만나는 동안에는 말할 수 없었죠.

아 괜찮아요. 그런 것도 지금이니까 비로소 말할 수 있는 거예요. 그와 헤어질 때 생각했던 '정말로 내게 중요한 것'을 다시는 놓치지 않도록 하세요. 다음 상대를 고를 때도 그 부분을 가장 우선으로 해야 합니다. 아셨죠?

사 네, 알겠어요. 이제 뭐가 중요한지 분명하게 알았어요.

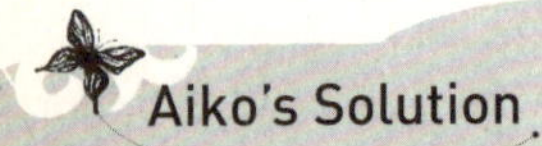

Aiko's Solution

• • • '좋은 사람 딜레마'라는 것이 있습니다. 모두에게 사랑받으며 좋은 평가를 받고 싶다는 동기를 가지고 움직이면 주변 사람들이 대부분 '좋은 사람'이라고 합니다. 하지만 '좋은 사람'으로 계속 남아 있기 위해 당신이 많은 희생을 하고 있다고 생각된다면 잠시 멈추세요. 당신의 희생이 '무엇을 위해서'인지 생각을 정리해보는 과정이 반드시 필요하니까요. 인간관계의 대부분은 좋고 나쁨이라는 기준으로 나눠지는 것이 아닙니다. 가끔 '좋은 사람'의 역할을 포기하고 스스로에게 자유를 주면 어떨까요? 특히 남자에게 '좋은 여자'가 되어야 한다는 강박관념에서 벗어나면 연애가 한결 즐거워진답니다.

type 3 유아독존적 연애

스스로를 옭아매는 자기중심적 태도

넘치는 자신감과 매력으로 사람들을 사로잡는 당신. 하지만 그 천진난만함이 섬세한 남자의 마음을 짓밟는 경우가 있을지도 모른다. 여성으로서의 품위를 지키며 우아하게 연에를 하고 싶다면 보다 너그러운 마음을 가져야 한다.

복수의 칼끝은 언제나
자신을 향하고 있다

피해의식에 사로잡혀 있으면서도 쉽게 그를 놓아주지 못하는 당신. 하지만 사랑의 종말은 당신이 미처 준비도 하기 전에 갑자기 찾아온다. 게다가 그것이 부적절한 관계라면 당신은 어디에서도 위로받을 수 없다.

Q 카렌 | 32세, 항공사 승무원

몇 년간 자영업을 하는 유부남과 만나왔어요. 맞아요, 불륜이죠. 그런데 그가 어느 날 이별을 고해 왔어요. 아무래도 새로운 여자가 생긴 것 같았죠. 게다가 의심되는 상대는 제가 그를 만날 때 데려간 적이 있는 직장 후배였어요. 후배에게 따져 물으니, 그는 저와 후배에게 반년 가까이 양다리를 걸쳤더라고요. 믿었던 두 사람에게 한꺼번에 배신을 당하다니……. 전 지금도 받아들일 수가 없어요. 너무 화가 나서 일도 손에 잡히지 않아요. 어서 평정심을 되찾고 싶은데, 어떻게 하면 좋을까요?

속으로 묵히지 말고 솔직한 기분을 모두 토해내라

카렌 씨(이하 '카') 하필이면 제 후배라니! 걔도 참 그래요. 제 남자친구란 걸 알면서도 몰래 만나다니, 정말 이해가 안 돼요. 내일이라도 같이 비행을 할 수도 있는데……. 정말 최악이에요.

아이코 선생(이하 '아') 결론적으론 도둑맞았다는 거군요.

카 네, 맞아요. 못된 도둑고양이 같으니라고!

아 어머, 꽤 내공이 쌓인 표현이군요! 그래서, 그와 그녀 중에 누구에게 화가 나 있는 건가요?

카 물론 둘 다요. 비상식적이잖아요. 정말 화가 나요. 둘 다 바보 같아요.

아 그건 그렇죠. 자, 하고 싶은 이야기 좀 더 해봐요.

카 짜증나고 분해요. 어떻게 이런 일이 있을 수 있죠? 이번 일은 절대 용서할 수 없어요.

아 기분은 어때요?

카 이렇게 솔직하게 털어놓고 나니 기분은 조금 나아지는 것 같아요. 두 사람에게 복수할 수만 있다면 기분이 한결 나아질 텐데…….

아 흠……. 아직 더 남아 있는 것 같네요. 이야기를 좀 더 해보세요.

카 정말이지 용서할 수가 없어요. 왜 하필 제게 이런 일이 일어
났을까요? 여자 밝힘증이 따로 없어요. 내 청춘을 돌려달라
고 하고 싶은 심정이에요. 죽어서도 원망할 거예요.

아 그래요, 계속 그렇게 솔직하게 털어놓으세요.

카 네, 선생님께서 조용히 잘 들어주시니까 편하게 얘기하게 되
네요. 기분도 한결 나아졌고요.

아 그렇죠, 기진맥진할 때까지 온갖 감정을 토해내고 나면 싫어
도 냉정을 되찾게 되는 법이죠.

복수는 상상으로 끝내는 편이 좋다

카 하지만 뭔가 제대로 매운 끝을 보여주고 말 거예요.

아 어머, 다시 원점으로 돌아왔네요! 생각보다 훨씬 분한 모양이
군요.

카 그 사람을 제대로 망신시킬 수 있다면 마음이 한결 편해질 것
같아요. 출장인 척하며 제 비행 목적지에서 따로 만나고, 집
에는 거래처 골프약속이라 둘러대고 저와 온천여행도 갔었
죠. 심지어 데이트 비용을 회사 경비로 처리한 적도 있고요.
회사와 부인한테 전부 말해버리고 싶어요.

아 말이 나와서 하는 말인데, 복수는 상상으로만 끝내는 편이 좋답니다.

카 어째서요? 그렇게 하면 제 마음도 한결 나아질 텐데!

아 복수로 손을 더럽히면, 결국 자기 인생의 질도 떨어지게 마련이죠. 그의 명예를 떨어뜨리는 동시에 본인의 명예나 가치도 함께 떨어지게 될 테니까요. 그리고 그의 아내에게 말하는 게 긁어 부스럼이라는 건 당신이 더 잘 알고 있잖아요? 그의 아내가 오히려 당신을 고소할 수도 있다고요.

카 물론 그 정도는 저도 알고 있어요. 하지만 자폭하는 꼴이 되더라도 그가 더 이상 아무 말도 못하게 눌러버리고 싶어요. 지금 이대로라면 제 상처는 낫지 않을 거예요.(울음)

아 그래요, 상상하는 모든 복수를 해볼 수도 있죠. 하지만 그러면 결국 당신만 더 상처받게 될 거예요. 왜냐면 그는 벌써 새로운 사랑에 눈이 멀었으니까요. 복수하고 싶은 상대는 당신의 머릿속에만 남아 있는 과거의 그 사람이겠죠. 그런 생각으로 계속 그를 따라다니는 것도 꽤 힘든 일 아닌가요?

카 네, 맞아요. 정말 힘들어요. 하지만 지금은 분한 마음이 더 커요. 제 이 분한 마음을 어떻게 하면 좋을까요?

아 그 마음은 그와의 일을 외면하려는 욕구 때문에 생기는 것 같네요.

카 네? 무슨 얘기죠?

아 그와의 만남, 그와의 관계, 그와의 추억, 새로운 연애……. 사랑이 깨져버린 지금은 모두 기분 나쁜 것들뿐이죠. 그것을 당신 마음속에서 지워버리려 해도 잘 안 되니까, 상대를 파괴하고 추락시키고 싶은 생각으로 이어지는 거죠.

카 아, 그래요. 정말로 그런 느낌이었어요. 하지만 냉정하게 생각해보면, 그건 범죄를 저지르는 사람의 심리와 비슷한 것 같아요.

아 바로 그거예요. 이해력이 좋군요.

사랑도, 실연도 필연이었다고 받아들여라

카 제가 뭐에 홀렸나 봐요. 사람들은 생각에 너무 깊이 빠지면 뭐가 됐든 저질러야 한다고 생각하는 것 같아요.

아 아니, 누구나 그런 발상을 하는 건 아니에요. 당신의 성향 탓이 크죠. 뭐, 어쨌든 괜찮아요. 거듭 말하지만, 복수는 생각에서 멈추기로 하고……!!

카 복수하는 일은 생각에 그치겠지만, 제 마음은 여전히 편해지지가 않아요.

아 부글부글 끓어오르겠죠. 그 기분이 중요하게 받아들이세요.

괴로운 시기에 무리하게 그런 감정까지 버리려 하는 것도 힘든 일이니까요. 누구의 탓도 할 수 없는 그런 상태로, 그렇게 속을 끓이면서 모든 것은 필연이었다고 여길 수 있을 때까지 앞으로 나아가는 수밖에 없어요.

카 그런가요? 실연의 쇼크로 패닉 상태에 빠졌었는데, 찬찬히 생각해보면 모든 것이 나빴던 것만은 아니었네요.

아 네? 그건 무슨 말이죠?

카 3년 전, 승진해서 업무가 늘어나던 타이밍에 그를 만났어요. 부모님이 병환으로 쓰러지시고 결혼을 약속했던 남자친구와도 헤어져서 여러 가지로 힘든 시기였어요. 제 생활과 가치관이 어지럽게 변화해 온 지난 3년 동안 그는 제게 필요한 균형을 맞춰주었던 것 같아요.

아 아, 네! 그는 당신의 불안정한 생활을 함께해준 동반자였다는 거네요.

카 아, 이러면 안 되는데……. 또 눈물이 쏟아질 것 같아요. 그래요, 그때 제게는 그 사람이 필요했어요. 혼자서는 아무것도 해나갈 수 없었거든요.

아 그랬군요. 그 얘기를 들으니 그나마 다행스럽다는 느낌이 드네요.

카 휴! 한꺼번에 마음이 가벼워진 것 같은 느낌이 들어요. 이상

해요. 그와의 만남이 필연적이었다는 걸 깨닫고 나니 이렇게 편해지는군요.

아 깨달음을 얻은 걸 축하해요. 이제 미래로 한걸음 나아갈 수 있겠네요.

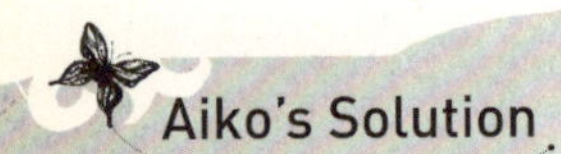

Aiko's Solution

• • • '누군가를 저주하려면 무덤을 두 개 파라'는 말이 있습니다. 사람에게 한을 품고 복수를 계획하면 그것이 결국 당신에게 돌아와 당신 자신도 무덤에 묻히게 된다는 말이죠. 이미 벌어진 일을 부인하고, 책임을 떠넘기고, 상대의 불행을 바라지 마세요. 그것은 애정과 희망, 행복의 씨앗을 블랙홀에 던져버리는 것과 다름없답니다. 실연, 이혼, 사고, 좌천, 배신 등의 부정적인 경험을 어떻게 받아들여 인생을 가꾸는 자양분으로 활용할지가 인생의 성공을 좌우한다는 것을 기억하세요.

당신이 만들어낸 올가미로
남자를 묶으려 하지 마라

멋있고 아름다운 결혼생활을 꿈꾸며 시작한 동거. 그런데 같이 살기 시작하면서 예상치 못한 그의 모습을 하나둘 발견하게 된다. 과연 이대로 결혼해도 괜찮을까? 이상적인 결혼생활을 꾸려 나갈 수 있을까?

Q **메이코 | 34세, 영양관리실 경영**

저는 영양관리사, 푸드스타일리스트, 요가강사 자격증이 있고, 지금은 영양관리실을 운영하고 있어요. 최근 결혼을 약속한 남자친구와 동거를 시작했답니다. 그런데 같이 살면서 보니 그는 건강에 대한 가치관이 저와 너무 다르더라고요. 냉동식품이나 인스턴트식품을 즐겨 먹는 그를 이해할 수가 없어요. 결국 제가 잔소리를 하게 되고, 분위기는 점점 나빠지고 있어요. 행복할 것만 같았던 동거생활이 한숨으로 얼룩지고 있어요. 이렇게 가치관이 다른 사람과 함께 살아갈 수 있을까요?

사람은 누구나 자신의 까다로움은 간과하기 쉽다

아이코 선생(이하 '아') 동거 전에는 식사를 어떻게 했나요?

메이코 씨(이하 '메') 대부분 저희 집에서 같이 먹었어요. 외식을 하더라도 유기농이나 건강식 레스토랑에 가는 경우가 많았죠.

아 그래서 그도 당신과 비슷한 건강의식을 가지고 있다고 생각했군요. 그런데 그의 어떤 부분이 마음에 들지 않았죠?

메 휴일엔 어린아이마냥 패스트푸드 노래를 해요. 잠깐만 방심하면 컵라면 그릇이 산더미처럼 쌓이고요. 무엇보다 받아들이기 힘든 건 당당하게 한밤중에 뭔가를 먹는 습관이에요. 게다가 먹고 나서 바로 잠자리에 들기까지 해요. 아, 이제 더 이상 참을 수가 없어요.

아 그 기분은 알겠지만, 그의 입장에서는 그런 식생활이 그다지 나쁘다고 생각하지 않는 것 아닐까요?

메 안 돼요, 안 돼! 누가 봐도 몸에 나쁜 것들이잖아요. 생각해보면 평소 점심도 영양 균형은 무시하고 단품 위주로 하는 것 같아요. 쇠고기덮밥이나 카레 같은 음식 말이에요.

아 그가 쇠고기덮밥이나 카레를 좋아해서 그런 거겠죠?

메 하지만 계속 그런 식으로 먹는다면 오래지 않아 돼지가 되고 말 거예요.

아 그렇군요. 그가 살찌면, 그러면 어떻게 되죠?

메 그, 그건 생각하기도 싫어요. 게다가 성인병에 걸릴 확률도
높아지고…….

아 건강이 걱정이군요. 하지만 정말 이유가 그것뿐인가요? 뭔가
석연치 않는 부분이 있는데요?

메 무슨 말씀이신지…….

아 전 남자친구 문제라기보다 당신이 까다롭다고 느껴지네요.

문제의 시작은 당신의 강박관념일 수도 있다

아 자, 솔직히 이야기해보세요. 그러면 한결 편해질 거예요.

메 …… 실은 정말 싫어해요. 살찌는 것도, 살찐 사람을 보는 것
도요.

아 이제야 본심이 나왔군요! 설마 지금 제가 너무 살이 쪘다고
생각하고 있는 건 아니죠?

메 아니요, 절대 그런 건 아니에요, 하지만…… 선생님도 체지방
이 많은 편이시죠? 팔뚝 안쪽에 살이 붙는 게 괜찮으세요?
아, 제가 지금 무슨 소리를 하고 있는지…….

아 자, 잠깐! 전 폭신폭신하고 말랑한 게 제 매력이라고 생각하

니까 그냥 놔둬주세요.

메 그 사람도 그렇게 이야기해요. 그냥 자기를 내버려두라고.

아 그렇군요. 얼굴을 마주할 때마다 하나하나 지시를 받으면, 아무래도 그렇게밖에 이야기할 수 없게 되죠. 지나치면 그가 결국 '이런 몸으로는 안 돼', '이런 모습으로는 사랑받을 수 없어'라고 생각하게 될지도 몰라요.

메 실은 제 스스로 계속 그렇게 생각하며 살아왔어요. 저는 어릴 때부터 통통한 체형이었는데 마음을 독하게 먹고 다이어트를 계속 해왔어요. 그러면서 폭식증과 거식증도 번갈아 경험했죠. 하지만 그런 경험들이 있었기에 제가 지금의 직업을 가질 수 있었다고 생각해요.

아 식습관 때문에 힘들었던 경험 덕에 지금의 직업을 갖게 되었다는 건 괜찮아요. 모든 문제는 '그런 모습으로는 사랑받을 수 없어'라는 강박관념이 당신을 밀어붙이는 데서 시작되는 게 아닌가 싶네요.

좋은 파트너와의 관계는 가치관의 폭을 넓혀준다

메 어떻게 아셨어요? 사실 전 건강과 미용 전문가가 된 지금도 두려워요. 뚱뚱해지면 사랑받지 못하게 될 거란 생각에서 벗어날 수가 없어요.

아 그는 당신처럼 살찌는 걸 두려워하지 않아요. 본인의 체형이
변하는 걸로 사랑받지 못할 거라는 생각도 하지 않아요. 그
러니 밤늦게 라면을 끓여먹고도 무방비 상태로 잠들 수 있는
거죠.

메 스스로가 사랑받고 있다는 것을 의심하지 않는다는 거군요.
다른 사람을 그렇게 신뢰할 수 있다니……. 부럽네요.

아 부럽게 여긴다면 괜찮아요. 지금부터 40대, 50대, 외모는 계
속 바뀌겠죠. 그런 자연스러운 모습을 부정하게 되면 그게 큰
일인 거죠. 있는 그대로의 자신의 모습을 사랑하도록 해봐요.

메 솔직히 그 부분이 제겐 과제나 마찬가지였어요. 저희 관리실
에도 연령대가 높은 손님이 점점 늘어나고, 제 자신이 나이를
먹어감에 따라 손님들을 지도하거나 관리하는 내용도 달라질
테니까요.

아 그래요, 맞아요. 대범한 그와의 생활을 통해서 당신의 가치관
이 폭넓어진다면 해결될 과제란 생각이 드네요. 우선은 그의
모습을 잘 관찰해보세요. 정말 건강을 해칠 정도로 먹는지,
그래서 사랑을 잃어가고 있는지 말이죠.

메 그거라면 이미 답은 나와 있는걸요. 조금 운동부족이긴 하지
만 그는 건강한 편이고, 저한테 전폭적인 사랑을 받고 있죠.

아 결국 그는 마음이 건강한 사람이란 이야기군요.

메 아, 그런가요? 의문점이 풀린 것 같아요. 저는 그의 자연스러
운 모습에 질투를 했던 건지도 모르겠어요.

아 필요할 땐 그를 보고 배우고, 다른 사람의 체지방에도 신경을
덜 쓸 줄 알아야 해요. 마음과 몸의 밸런스를 맞추는 건강미
를 목표로 말이죠.

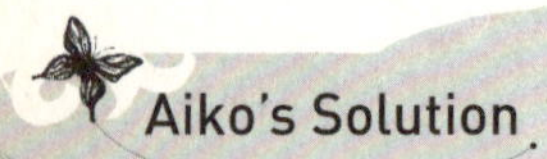

Aiko's Solution

···당신이 자신에 대해 금기시하는 것들을 당당히 하는 사람을 보
면 마음에 파도가 일게 마련이죠. 하지만 세상에는 당신이 '이렇게 하
면 안 돼', '저렇게 되면 사랑받지 못할 거야'라고 두려워하는 것들을
전혀 두려워하지 않는 사람도 많습니다. 어쩌면 그 중에는 당신이 마
음을 빼앗긴 왕자님이 있을지도 모르죠. 당신에겐 그의 첫인상이 비
상식적인 사람으로 비쳐질 수도 있습니다. 마음의 파도를 감지했다면
어떻게 해서 상대를 바꿔나갈지가 아니라, 당신 자신이 변화를 받아
들일 준비가 되어 있는지 아닌지를 돌아봐야 하는 순간이라고 생각해
보면 어떨까요?

그에 대한 분노는 당신이 느끼는
불안의 또 다른 모습이다

모든 일을 긍정적으로 개선하려 하고 웬만해선 실수하지 않는 당신. 그런데 그는 번번이 실수를 반복하며 그때마다 습관적으로 후회한다. 지금의 참을 수 없어하는 상황, 원인은 정말 그의 성격에 있는 것일까?

Q **야요이** | 35세, 엔지니어, 경력 12년차

결혼을 염두에 두고 만나던 남자친구가 얼마 전 갑자기 이별을 고했어요. 그런데 헤어지고 싶은 이유가 모두 대책이나 개선의 여지가 있는 부분이더라고요. 그래서 제가 나름대로 긍정적인 해결방법이나 방안을 제시했는데도 그는 계속 고개만 가로젓더라고요. 뭔가 화가 나 있는 것 같기도 해요. 대체 그는 무슨 말을 하고 싶은 걸까요? 요 며칠 그의 행동을 보면 한숨만 나옵니다. 성격차이 때문에 제가 받는 스트레스도 만만치 않아요. 그를 어떻게 대해야 할지 잘 모르겠어요.

<u>정말 당신은 옳고 그는 틀린 것일까?</u>

야요이 씨(이하 '야') 결혼 이야기까지 나왔는데, 이제 와서 혼자만의 시간의 필요하다거나 우린 가치관이 다른 것 같다거나, 그런 이유로 그만둘 수 있는 문제가 아니잖아요.

아이코 선생(이하 '아') 흠……. 당신은 납득할 수 없다는 말이군요.

야 당연하죠. 전혀 이해할 수 없어요.

아 그럼 그가 납득할 만한 이유를 내세운다면 그때는 그의 이별 선언을 받아들이고 물러설 건가요?

야 물러설 거냐고요? 아뇨! 무엇이 원인인지 찾아내서 빨리 그가 틀렸다는 걸 알게 해야겠죠.

아 네? 그럼 결국 당신은 그의 헤어지자는 이야기를 받아들일 생각이 없다는 건가요?

야 간단히 결론만 말하자면, 그렇다고 할 수 있죠. 전 이런 점이 불만이니까 얼른 헤어지고 끝내버리자는 생각 자체가 틀렸다고 봐요. 문제를 해결하려는 노력도 안 하고 도망치는 건 비겁해요.

아 그렇군요. 분명히 그가 이야기하는 건 당신으로선 납득하기 어려운 일이겠죠. 하지만 생각해 봐요. 그 사람이 어째서 당신에게 그런 이야기를 한 걸까요?

야 이유까진 잘 모르겠어요. 그는 원래 그런 성격이에요. 장애물
이 나타나면 도망칠 생각부터 하죠. 지금 여기서 도망치는 건
그를 위해서도 아니라고 생각해요.

아 흠……. 이야기를 하다 보니 어느새 결론이 '지금 이렇게 헤
어지는 것은 그를 위해서 좋지 않다'는 쪽으로 옮겨왔네요. 뭔
가 바뀐 것 같지 않아요?

야 네? 그 말씀은…….

아 문제의 시작은 당신이었는데, 결론은 그 사람으로 내려졌단
얘기예요. 정말 그의 성격이 문제인 걸까요? 정말로 당신은
항상 옳고 그는 틀린 걸까요?

'되받아치는 대화'가 애정지수를 떨어뜨린다

아 이야기를 듣다보니 당신이 그에게 미련이 남았다는 게 느껴
지네요.

야 미련이요? 아니에요! 그런 문제가 아닌걸요.

아 괜찮아요, 괜찮아. 미련이든, 집착이든 혹은 고집이든, 뭐든
괜찮아요. 중요한 건 지금 화가 나 있는 당신의 마음속에 어
떤 문제가 생겼다는 것이죠. 그의 성격에 문제가 있다는 것과

는 다른 이야기에요.

야 제가 자신의 문제가 무언지 깨닫고 그걸 해결하면 그가 헤어지자고 한 걸 취소할 거란 말씀이신 거죠?

아 장담할 수는 없지만 지금보다 사이가 나빠지는 건 피할 수 있을 것 같은데……

야 그런 말투도 결국은 책임을 회피하고 계신 거잖아요. 기왕 제안하실 거라면 가능성이 높은 걸로 해주세요.

아 그런데 당신은 업무적으로 어려운 거래나 계약에 부딪혀도 지지 않는 타입인가요?

야 네, 대부분 그런 편이에요. 그런데 그게 지금 이 얘기와 무슨 상관인가요?

아 예를 들어, 그가 부정적인 발언을 한 순간 바로 논리적으로 따지고 들어 밀어붙이고 있지는 않나 싶어서요.

야 아, 물론 그렇죠. 왜냐하면 전 학생시절부터 토론방법이나 전문적인 코칭스킬을 배웠거든요. 그래서 그런 게 완전히 몸에 배였죠.

아 실은 말이죠, 해결을 위한 커뮤니케이션 스킬이 상담이나 비즈니스 협상에서는 상당히 도움이 되겠지만, 그 '되받아치는 대화'가 남녀 간의 애정지수를 떨어뜨리는 부작용도 가져올 수도 있답니다.

당신의 분노는 불안의 또 다른 모습이다

야 무슨 말씀이신지?

아 연애를 포함한 대부분의 문제에는 해결책이 있습니다. 하지
만 상대의 기분을 이해하려 하지 않고 이론상으로만 문제를
해결하려고 하면, 그때마다 두 사람 사이에는 눈보라가 휘몰
아칠 뿐이에요.

야 또 그렇게 과장해서 말씀하시네요. 전 그저 가능한 협조를 하
지 않는 사람을 보면 화가 나는 것뿐이에요.

아 그럼 이 경우에는 그가 당신과의 관계를 개선하기 위해 협조
하지 않는다면 어떻게 되나요?

야 그는 평생 무기력한 겁쟁이에서 벗어날 수 없겠죠.

아 아뇨, 그에 대한 걸 듣고 싶은 게 아니에요. 전 당신이 어떻게
되는지가 궁금해요. 그가 협조를 하지 않는 건 당신에게 어떤
영향을 미치나요?

야 제게요? 그런 식으로 생각해본 적은 딱히 없는데…….

아 하지만 그 부분이 중요해요.

야 음……, 결국 제가 겁 많은 그를 보고 어�쩔 줄 몰라 하다가 조
만간 참지 못하고 폭발하겠죠. 하지만 그가 생각을 바꾸지 않
는다면 언젠간 저도 포기하게 되겠죠. 그리고 저는 혼자가 되

겠죠……. 아, 모르겠어요. 뭔가 미묘한 패배감 같은 느낌이 들어서 화가 날 것 같아요. 이런 결론은 원치 않아요.

아 이제 알 것 같네요. 당신은 지금 불안해하고 있어요. 혹시 버려지는 건 아닐까 하고요. 그 기분이 분노가 되어 그와 부딪치고 있는 거죠.

야 그 말씀은 좀 충격적이네요. 제가 불안한 마음을 가지고 있기 때문에 반론당하거나 의견이 무시당하면 그게 분노로 나타난다는 말씀이신 것 같은데……. 저도 심리학 책에서 읽은 적이 있지만 제가 그런 경우에 해당된다는 생각은 못 해봤어요.

아 상대가 부정적인 의견을 말했다고 해도 그렇게 바로 화내지 마세요. 만일 상대의 기분이 부정적이더라도, 우선은 받아들이고 맞춰 나가야 해요.

야 그렇군요. 저는 문제해결을 주장하면서 제 불안을 숨기기에 급급해서 상대의 기분은 받아주지 못했던 거군요?

아 본인의 솔직한 기분이 진짜 문제 해결의 열쇠를 쥐고 있네요. 이 이야기를 남자친구와 다시 한 번 해보면 어떨까요? 의외의 전개가 펼쳐질 수도 있겠어요.

야 그렇게 할게요. 꽤 큰 충격을 받았지만, 지금이라도 깨달아서 정말 다행이에요.

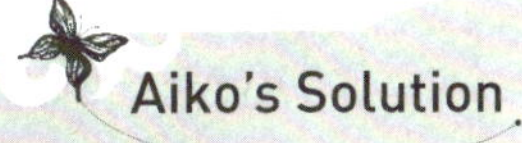

Aiko's Solution

••• 누군가에게 말로 하기 어려울 정도의 분노가 치밀어 오른다면 상대에게 책임을 묻기 전에 차분히 마음을 가라앉히고 생각해보세요. 혹시 당신이 불안한 건 아닌지, 상처를 받은 게 아닌지요. 사실 당신은 도움을 청하고 있는 건 아닌가요? 본인의 솔직한 기분이 무엇인지 깨달으면 쓸데없는 싸움이나 혼란을 막을 수도 있답니다. 자신의 불완전함 때문에 공격성을 발휘하는 사람은 싸움을 도발할 때마다 자신도 상처를 받기 쉬운 타입이에요. 불필요한 데미지를 피하고 한 템포 쉬어가는 것은 자기 자신을 소중히 하는 가장 쉬운 방법이랍니다.

연애에 성공하려면
커뮤니케이션 기술을 익혀라

남녀가 함께 살다보면 으레 성격과 가치관의 차이가 나타나게 마련이다. 그런데 한쪽이 유난히 규칙을 중시하는 성실하고 반듯한 사람이라면 다른 한쪽은 답답함을 느끼게 된다. 당신은 어느쪽인가?

Q **노조미** | 35세, 스타일리스트

그와 동거를 시작했어요. 가구와 가전 등 필요한 물건을 구입하는 일이나 비용 등은 항상 서로 의논해서 결정하기로 약속했었죠. 그런데 이사 준비가 한창일 때 그 사람이 자기 마음대로 몇 가지 물건을 사왔더라고요. 신용카드로 결제해놓고선 "나중에 계산하자"고 하는 거예요. 사전에 한마디 상의도 없이 나중에 돈이나 내라는 식의 이야기를 들으니 흔쾌히 그러겠다는 마음도 들지 않고 짜증이 나요. 게다가 앞으로도 이런 일들이 계속 벌어질 거란 생각을 하니 벌써부터 지치네요.

너무 강한 기대와 원망은 서로를 답답하게 만든다

노조미 씨(이하 '노') 이건 아무리 생각해도 그 사람이 절대적으로 잘
못했잖아요!

아이코 선생(이하 '아') 그런가요?

노 당연하죠! 지킬 수 없는 약속이었다면 애초에 하면 안 되는
거였죠. 특히 돈 문제는 민감한 부분이잖아요. 이번에는 그
사람이 너무 비상식적인 행동을 했어요.

아 흠……. 그런 기분으로 그를 몰아붙였나요?

노 저는 직접적으로 표현하는 편이에요. 당연한 일을 얘기하는
것뿐이기도 하구요.

아 '이렇게 해야 하는 거야', '이렇게 하지 않으면 안 돼', '그렇게
하면 안 돼', '어떻게 하려고 그러는데?' 하는 식으로요?

노 네. 함께 살려면 규칙을 지키는 건 중요한 일이니까요.

아 그렇군요. 그런데 규칙을 잘 지키는 당신은 주위로부터는 신
뢰받고 있겠지만, 그렇게 융통성 없이 그를 대하면 그는 좀
답답해할 것 같은데……,

노 선생님, 말씀이 지나치시네요. 지금 그 사람 편을 드시는 건
가요?

아 그런 이야기가 아니에요. 흥분하지 말고 한 걸음 물러나서 생

각해봤으면 하는 거죠. 그 '해야 할 일을 하지 않으면 안 된다
는 법'은 원래는 '이렇게 해주면 좋을 텐데 하는 기대'에서 생
겨난 것 아닌가요? 지금 당신은 기대가 어긋나 서운한 마음
보다 화가 났다는 기분만 전해져 와요.

상대를 몰아세우지 말고 자기 기분을 솔직히 표현하라

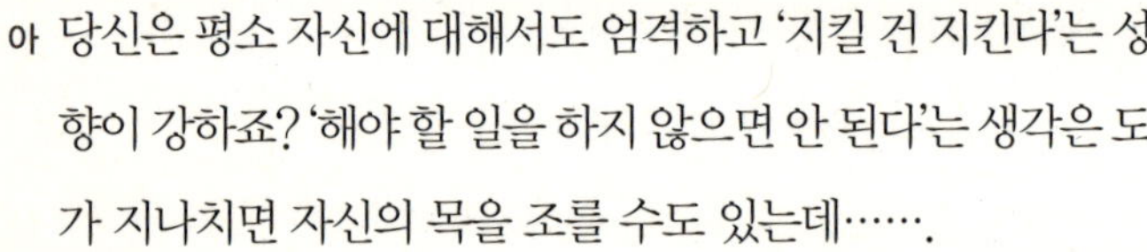

아 당신은 평소 자신에 대해서도 엄격하고 '지킬 건 지킨다'는 성
향이 강하죠? '해야 할 일을 하지 않으면 안 된다'는 생각은 도
가 지나치면 자신의 목을 조를 수도 있는데…….

노 구체적으로 말씀드리면, 사실 그의 귀가가 점점 늦어지고 있
어요. 게다가 보란 듯이 신용카드로만 쇼핑하고 있고요. 매일
늦게까지 뭘 하는지 도무지 모르겠고, 돈도 그렇게 넉넉하지
않은데 카드대금은 어쩌려는 건지……. 정말 지쳐요.

아 그대로 그의 마음이 멀어지는 게 아닌가 불안하군요.

노 네, 그런 것 같아요. 불안하니까 결국 무서운 얼굴로 그를 몰
아붙이고 말아요.

아 "당신 대체 어쩌려고 그래?" 하고 말이죠? 하지만 그건 그에
게 들리지 않는 것 같고요. 그의 마음이 이미 이별을 향하고
있는 것은 아닐까요?

노 잘 알고 있어요. 하지만 저도 별다른 수가 없어요.

아 감정을 선택하는 건 언제나 자기 자신이죠. 상대를 몰아세우기보다 자신의 기분을 솔직하게 표현하고, 그 '대가'를 받아들이는 것도 당신이 해야 할 일이에요.

노 대가……요?

아 그를 몰아세우며 자신의 기분을 전달하려고 한 건지는 잘 모르겠지만, 그래서 그의 마음이 상하면 문제해결은커녕 당신에 대한 불만만 커져가겠죠. 생각해보세요. 이렇게 되면 모든 것들이 무슨 의미가 있나요?

어려운 이야기는 '나'를 주어로 사용해서 말하라

아 요컨대, 당신은 그와 사이좋게 지내고 싶은 거죠? 그를 사랑하니까요.

노 네, 결국 그런 말이죠.

아 그러면 서로가 공존할 수 있는 방법을 모색하도록 하죠. 간단한 것부터 찾아볼까요?

노 어떤 것이 있을까요?

아 앞으로 '당신'이라는 단어를 '나'로 바꿔보기로 해요.

노 아, 그러니까 '나는 약속했었잖아', '나의 마음대로 정한 건 나

빴어' 어라? 말이 이상한데요?

아 그냥 '당신'을 '나'로 바꾸기만 한다고 되는 게 아니에요. 당신이 뭔가 이야기를 하려 할 때 '당신'으로 시작하면 상대방은 비난받는다는 느낌을 갖기 쉬워요. 기분이 상하는 거죠. 그러니까 '나는 네가 그렇게 해서 기분이 어땠다', '나는 네가 이렇게 해준다면 더 좋을 것 같다' 하는 식으로 얘기하라는 거죠. 커뮤니케이션의 요령은 나의 기분을 잘 전달하는 거예요.

노 '나 불안해요' 이렇게 말인가요?

아 그래요, 우선은 거기부터 시작하죠. 다음은 어떤 점이 불안한지, 그래서 당신이 바라는 건 무엇인지 추가해서 이야기해볼까요?

노 나는 당신이 중요한 일들을 나와 의논하지 않는 것이 불안해요. 나는 작은 일이라도 서로 이야기하면서 두 사람의 생활을 꾸려가고 싶어요.

아 좋아요, 정말 진심이 전해지네요. 그 외에도 약속을 어겨서 서운했다든가, 나를 중요하게 생각하지 않는 것 같아서 서운했다든가, 말 못한 것들이 남아 있지 않나요?

노 아, 그런 이야기는 산처럼 쌓여 있죠. 하나하나 떠오르니 가슴아 아프네요.

아 사실 자신의 솔직한 기분을 전할 때는 상처받을 수도 있다는 리스크를 감수해야 하죠. 자신의 이야기를 전할 때 분노가 방해가 된다면, 서로를 신뢰하고 마음을 털어놓던 시절을 돌이켜보는 것도 도움이 될 거예요.

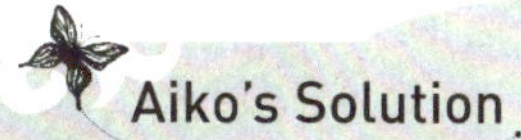

Aiko's Solution

•••안타까운 생각이나 서운한 기분(1차적 감정)은, 마음이 입은 타격이 크면 클수록 화(2차적 감정)로 바뀌기 쉽답니다. 상대와 이야기할 기회가 찾아와도 일방적으로 화를 내버리면 두 사람의 관계는 악화될 뿐이죠. 바로 그때, 심리학의 진수 '나 전달법'이 등장하는 거예요. 나 전달법은 서로 다른 가치관과 취향을 인정하고 맞춰나갈 수 있게 도와줍니다. 자기표현을 보다 쉽게 해주고 서로 의견을 나누며 조정할 수 있게 해주는 커뮤니케이션 스킬이죠. 부드럽고 현명하며 사랑스러운 사랑의 기술을 배운다는 느낌으로 한번 배워보는 것도 좋겠네요.

type 4 염가세일 덤핑 연애
소중한 나를 잃어버린 사람들

항상 겸손하고 붙임성 좋은 당신. 하지만 필요 이상으로 자신을 낮추는 태도는 오히려 사랑을 방해한다. 사람은 누구나 불완전하다는 생각으로 좀 더 자신감을 가질 필요가 있다. 연애를 할 때도 자신을 있는 그대로 받아들이고 드러낼 줄 아는 사람이 훨씬 유리하다는 것을 잊지 말자.

일방적인 희생으로 불확실한 관계를
이어갈 수는 없다

인간관계란 게 항상 공평하지만은 않다. 특히 남녀관계에서는 한쪽이 더 양보하거나 손해를 보고 다른 한쪽은 자기가 원하는 것을 모두 손에 넣는 경우가 많다. 그에게 뭔가 뺏기고 있는 듯한 기분이 든다면 어떻게 할까?

Q 카나에 | 33세, 프리랜서 디자이너

그는 술만 마시면 저희 집에 오는 게 습관이에요. 밤늦도록 술을 마시다가 다짜고짜 전화를 해선 "나 지금 간다" 하며 들이닥치죠. 문제는 제가 주로 밤에 일을 한다는 거죠. 전 '우리 집을 호텔로 착각하나' 하는 생각이 들면서도 결국은 그를 받아주게 돼요. 그가 돌아가고 나면 일도 못하고 왠지 그에게 이용만 당한 것 같아서 불쾌한 기분이 들곤 하죠. 이런 불만이 쌓이다 보니 폭식과 구토로 고생하기도 했어요. 이런 제 자신도 이젠 너무 싫어요. 이런 생활을 바꿀 수는 없을까요?

친밀한 관계일수록 '경계'가 필요하다

아이코 선생(이하 '아') 두 사람, 애인 사이인 건 맞나요?

카나에 씨(이하 '카') 그게 조금 미묘한 부분인데요…….

아 그럼 결국 사귀는지 아닌지도 모르는 미묘한 관계의 남자가 술에 취해서 당신 집을 호텔 드나들 듯 드나든다는 말이군요.

카 간단하게 정리하면 그런 셈이죠. 그렇게 생각하니 왠지 열 받네요.

아 어떤 부분들이 화가 나나요?

카 일에 방해되는 건 물론이고, 술 냄새도 장난 아니에요. 어리광도 심하고 제멋대로 행동하죠. 대체 난 당신에게 어떤 존재냐고 따지고 싶을 때가 한두 번이 아니에요.

아 그래요, 불만이 제법 쌓여 있군요.

카 그러게요. 이런 관계가 계속되면 언젠가 폭발할지도 모른다는 생각이 들긴 해요. 이런 분노가 계속되면 이유도 없이 단것이나 칼로리 높은 음식들이 먹고 싶어져요.

아 조금씩 불만이 쌓여서 한계에 다다르면 폭식과 구토로 나타나는 거로군요. 게다가 혼자서……. 그는 당신의 이런 상황을 알 리가 없겠죠.

카 마음에도 몸에도 좋지 못한 행동이란 거 잘 알아요. 하지만 제 성격이 이러니 별다른 방법도 없고…….

아 별다른 방법이 없을 리가요. 누구든 자신의 영역을 침범당하
거나, 일방적으로 다른 사람의 페이스에 말려 들어가면 감정
을 소모하게 돼요. 무엇보다 당신은 그의 소유물이 아니잖아
요? 그러니 더 단호해져도 괜찮아요. 사람과 사람 사이에 '경
계'가 필요하다는 건 알고 있죠? 당신은 그 부분이 조금 약한
타입인 것 같네요. 친밀한 관계일수록 분명한 경계가 있어야
한답니다.

 ## 싫을 땐 싫다고 단정적으로 말해야 한다

카 사실 전 어느 정도 경계를 그어두는데, 상대에겐 그 선이 보
이지 않는 게 아닌가 싶어요. 평소에도 원치 않는 일을 강요
한다거나 흙 묻은 신발로 제 영역을 밟고 서 있는 것 같은 느
낌을 받은 적이 꽤 있거든요.

아 그와 있었던 일 중에 뭔가 구체적인 장면을 떠올려 볼 수 있
을까요?

카 그가 술에 취해서 전화를 하면, 제가 일하는 중이라고 해도
끈질기게 물고 늘어지는 것쯤이야 항상 있는 일이고요.

아 당신은 그럴 때 뭐라고 말하죠?

카 오늘 중에 끝내야 하는 일이 있다고 하든가 방이 어질러져 있
　 다고 해요.

아 음……. 그렇게 말하면 간단히 영역을 침범할 수 있겠군요.

카 왜요?

아 왜냐고요? 끈질기게 졸라대면 어떻게든 될 것 같은 분위기니
　 까 그렇죠. 물고 늘어지는 사람은 자신의 뜻을 굽힐 생각이
　 전혀 없거든요. 그들은 상대가 지쳐서 져주기만을 기다리고
　 있는 거죠.

카 충격적인 얘기네요. 정말 그가 오는 게 싫더라도 제가 너무
　 단호하게 거절하면 그에게 상처가 될까봐 그렇게 이야기했던
　 건데…….

아 상대가 불쾌해하지 않도록 빙 돌려서 거절하는군요. 마음을
　 이해해주는 사람이라면 괜찮겠지만, 밀어붙이는 타입의 사
　 람은 콧방귀도 안 뀌겠네요.

카 그럼 제가 어떻게 이야기하면 될까요?

아 "싫어!" 하고 직설적으로 얘기해야죠.

카 헛, 정말로요? 갑자기 그렇게 이야기하면 그가 화내지 않을
　 까요?

아 상대의 반응이 어떻든 간에, 자신이 싫은데도 받아들이는 걸
　 멈추지 않으면 불만은 줄어들지 않아요.

자신을 소중히 여기는 사람이 타인도 소중히 여긴다

카 저기…… 어떻게 보면 아직 남자친구도 아닌데, 섹스를 허락하는 것도 좀 이상한 거죠?

아 당신 스스로 별 문제가 안 된다면 괜찮지만, 그렇지 않은 것 같군요?

카 실은 그가 요구하면 섹스도 응해왔어요. 제 생각을 물으신다면……. 그건 아닌 것 같아요.

아 저런! 자신의 신체에 대한 경계 역시 스스로 정하는 거예요. 그가 집에 오는 것과 마찬가지예요. 당신이 정말 싫다면 상대가 어떤 반응을 보이더라도 거절하는 게 맞죠.

카 요즘 들어 제가 일방적으로 희생하고 있다는 생각이 들어요. 싫은데도 거절하지 못할 때마다 제가 마치 다른 사람처럼 느껴져 우울해졌어요. 그 괴로움을 과식과 구토로 해결하려고 했던 거죠.

아 당신이 갖고 있는 불만 중에는 스스로 자신을 지키지 못한 무력감도 포함돼 있는 것 같네요.

카 그런 것 같아요. 하지만 여기서 탈출하려면 꽤 시련이 뒤따르겠죠.

아 하지만 이건 어떤 시련이 닥쳐도 이겨내야 할 만큼 중요한 일이에요. 자신을 소중하게 여기기 위해서는 싫을 때는 반드시 싫다고 말해야 해요. 그렇게 최선을 다해서 자신을 소중히 하는 만큼 다른 사람도 소중하게 대할 수 있는 거예요.

카 이제 아무 의미도 없는 자기희생은 슬슬 졸업해야겠네요.

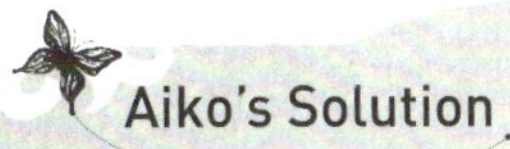

Aiko's Solution

• • • 'NO'라고 말하지 못하는 것은 상대의 강요 때문이 아니라 스스로 자신의 인생을 선택하고 결정하려는 의지가 부족한 때문이죠. 자기에 대한 존중은 뒷전에 두고, 나중에 불만을 늘어놓는 것은 이치에 맞지 않는 행동입니다. 지금까지 스스로를 소중하게 여기지 않았다면 이제부터 착실하게 계획을 세우도록 하세요. 자기에게 필요한 것과 필요하지 않은 것을 확인하면서 자존심을 키워나가는 깃은 나다운 보습을 지키기 위한 중요한 작업이에요. 어려운 일인 만큼, 계속 실천해 나간다면 언젠가 매력 넘치는 여성이 된 자신과 마주하게 될 거예요.

설령 잘못이 있다 하더라도
스스로를 탓하고 벌주려 하지 마라

사람들은 상처받을 걸 뻔히 알면서도 순간의 안식과 행복을 찾아 가시밭
길을 선택하곤 한다. 번번이 상처받으면서도 다시 가시밭길을 선택하는
사람의 심리적 배경은 무엇일까?

Q **리카** | 32세, 금융회사 근무

전문대를 졸업하고 바로 결혼했다 27살 때 이혼을 한 뒤로 계속
유부남들만 만나왔어요. 지금은 유부남을 만나는 동시에 싱글
인 남자친구도 만나고 있어요. 그에게 약혼녀가 있을 때 만났으
니, 그녀의 사랑을 빼앗은 셈이죠. 사실은 한 달 전, 임신 사실
을 알았는데, 누구의 아이인지 알 수가 없어서 아무에게도 말하
지 못하고 혼자 중절수술을 받았어요. 그날 이후로 불안해서 잠
도 못 자고 있어요. 수술에 대한 죄의식 때문인지 양다리 때문
인지 잘 모르겠지만, 너무 괴로워요.

불안정함 속에서 오히려 기분이 안정되는 아이러니

아이코 선생(이하 '아') 이혼에 불륜, 남의 사랑을 빼앗고, 낙태까지……. 지난 5년을 정말 파란만장하게 살았군요.

리카 씨(이하 '리') 지금까지의 인생이 계속 그런 느낌이에요. 하지만 연애를 하고 있으면 너무너무 행복한 순간들이 있잖아요. 그런 행복 덕분에 모든 힘든 일들을 견뎌낼 수 있었던 것 같아요.

아 그래요? 지금은 어떤 분이 당신을 행복하게 해주나요?

리 아, 그게 설명하자면 좀 복잡한데요. 두 사람을 만나다 보니 두 사람 모두 좋을 때는 없는 것 같아요. 한쪽하고 사이가 좋을 때는 다른 한쪽과 사이가 별로 좋지 않아요.

아 그럼 혹시 두 남자친구 모두와 잘 될 때는 일에 흥미를 잃는다거나 가족들과 문제가 생기나요?

리 네! 그걸 어떻게 아셨어요?

아 글쎄요, 살다 보면 그런 걸 알게 된답니다. 하지만 제 말이 틀렸으면 틀렸다고 분명하게 말해주세요.

리 아뇨, 말씀하신 그대로예요! 얼른 더 말씀해주세요.

아 당신은 불안정함 속에서 안정을 찾아 살아가고 있는 것으로 보여요.

리 불안정함 속의 안정이요?

아 안락하고 평범한 생활만으론 마음이 편치 않죠? 무언가 문제
가 있는 편이 오히려 기분은 안정되죠. 그래서 아무런 문제가
없을 땐 스스로 문제를 일으키는 경우도 있죠. 어떤가요?

리 음…… 그렇게 말씀하시니, 그런 것 같기도 하고…….

자신에게 문제가 있더라도 스스로를 벌하며 살지 마라

아 자, 말씀해보세요. 어째서 상담을 받기로 마음먹었죠?

리 자꾸만 이렇게 힘든 상황에 부딪히다 보니 근본적으로 제게
문제가 있는 게 아닐까 하는 생각이 들었기 때문이에요.

아 어떤 문제가 있다고 생각했죠?

리 선생님은 알고 계시겠죠. 과거의 트라우마나 성격적인 결함
이라거나……. 선생님께서 보시기엔 제가 어떤가요?

아 저라고 해서 뭐든지 알고 있는 건 아니랍니다. 그런데 트라우
마 탓인지 성격 탓인지 알면 좀 편해지실 것 같나요?

리 편해지고 싶다기보다 뭔가 하지 않으면 안 될 것 같은 기분이
들어요. 벌써 여러 사람에게 상처를 줬고요.

아 저런, 저런! 당신은 자신을 몰아붙이는 데 익숙해져 있는 것
같군요.

리 전 지금 진지해요. 이대로라면 저와 관련이 있는 사람들도,
   앞으로 제 자식으로 태어날 아이도 불행해질 거예요.

아 그렇게 생각하진 마세요. 당신에게 사람을 불행하게 만드는
   힘 같은 건 없으니까요.

리 저 따위는 살아 있는 의미도 없다는 말씀이신가요? 저 같은
   건 있으나 없으나 세상은 똑같다는 건가요?

아 아니, 오히려 그 반대예요, 반대! 제발 앞서나가지 마세요.

리 어째서 저는 단점투성이인데다 살아갈 자격조차 없다는 건
   가요?

아 언제 어디서 누구한테 무슨 말을 들었는지는 모르겠지만, 이
   것만은 말해두죠. 설령 당신에게 문제가 있더라도 그것을 벌
   하며 살아가는 건 잘못된 거예요. 그리고 배려해야 하는 건
   다른 사람이 아닌 당신 자신의 상처예요.

세상에 비난받아 마땅한 사람은 없다

아 제가 조언해줄 수 있는 건 자신에게 상처가 되는 행동에 집착
   하는 '자폭'을 개선하는 부분이겠네요. 지금 이대로라면 몸이
   몇 개라도 모자랄 테니까.

리 자폭……. 제가 스스로 아프게 하고 있다는 말씀이시군요.

아 그래요. 무모하게 위험한 일을 벌일 때 느껴지는 긴장감이나
만족감은 아무 의미가 없는 것이랍니다. 그러니 정말로 큰일
나기 전에 조심해야 해요.

리 저기요……. 선생님은 제가 지금까지 해온 일들에 대해선 꾸
짖거나 혼내지 않으시나요?

아 그래야 하나요? 제가 과거의 일들을 들추고 그 책임을 물어
서 당신이 행복해진다면 얼마든지 그렇게 할 수 있죠.

리 아, 아뇨. 그런 의미가 아니었어요. 단지 조금 의외라서요. 혼
내실 거라고 생각했거든요.

아 제가 지금 당신의 잘못을 비난한다면 당신은 “역시 제가 잘못
된 사람인 거죠?” 하며 자포자기 했겠죠. 당신은 순수한 사람
이니까요.

리 분명히 그랬을 것 같아요. 선생님은 저를 너무 잘 알고 계시
네요.

아 하지만 한 가지, 스스로 다른 사람들에게 비난받아 마땅하다
고 여기는 생각만큼은 이제 그만 접어두기를 바래요. 정말 진
심이에요.

리 그건 결국 자폭하는 습관을 고치라는 말씀이시죠?

아 그래요. 귀찮고 힘든 일들을 혼자 짊어지지 않아도 괜찮아요.
당신 스스로가 나쁜 사람이 되지 않아도 괜찮다는 말이에요.

내가 해줄 수 있는 말은 이것뿐이에요.

리 저는 "당신은 나쁜 사람이 아니에요"라는 말이 듣고 싶었던
   건지도 모르겠네요.

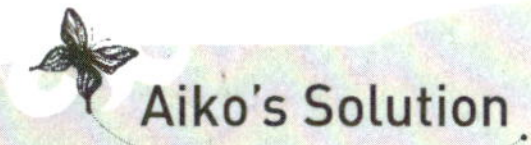

Aiko's Solution

• • • 고생할 것이 뻔한 길을 골라, 불리한 상황에 자신을 몰아넣고
자멸해버리는 사람들이 있죠. 그들은 얼핏 보면 속을 알 수 없는 문제
아처럼 보일지도 모르지만, 수많은 부정적인 말에 큰 상처를 받고, 마
음에 남은 상처를 감싸주는 '비뚤어진 밸런스'에 기대 살아가고 있는
것이랍니다. 혹시 지금 '힘든 경험'을 하고 있나요? 그렇다면 지금이
야말로 과거의 아픈 기억을 뛰어넘을 수 있는 기회의 순간이에요. 당
신에게도 미래가 있다는 걸 잊지 말고 스스로를 받아들이세요. 자신
을 탓하거나 벌하며 사는 것만은 절대 안 됩니다.

자존심이 낮으면
연애운도 덩달아 낮아진다

그 사람이 당신을 소중하게 생각하지 않는다는 걸 인정하는 건 정말 씁
쓸한 일이다. 그는 그냥 '나쁜 남자'일 뿐일까? 대접받지 못하고 있다는
느낌을 방치하는 건 사실은 자기 자신일지도 모른다.

Q **치히로** | 29세, 대기업 계열 피부관리실 근무

남자들이 저를 쉽게 생각하는 것 같아요. 데이트 약속을 바꾸는
건 양반이고, 약속 시간이 다 되어서 취소하는 일도 일상다반사
예요. 전화나 메시지는 그가 만나고 싶을 때나 오죠. 그 중에서
도 가장 상처 받았던 일은 저는 정식으로 교제하고 있다고 생각
했는데 상대는 저처럼 생각하지 않는다는 걸 알았을 때였어요.
최근에 끝난 연애도 여느 때와 다를 바가 없었죠. 남자들은 저
를 자기 편할 때 섹스를 할 수 있는 여자라고 생각했던 걸까요?
더 이상 이대로는 안 되겠어요.

'불행체질'이 아니라 스스로 원인을 제공하는 것

치히로 씨(이하 '치') 언제나 같은 패턴의 연애와 실연을 반복하자니 이
젠 허무해요. 이번에야말로 행복해지길 얼마나 빌
었는데, 어느새 상대의 페이스에 휘말려서 몸도
마음도 엉망진창이에요.

아이코 선생(이하 '아') 음……. 괴롭겠네요.

치 허무한 연애가 계속 반복되니까, 이젠 아예 제가 태어날 때부
터 불행의 씨앗을 가지고 태어난 건 아닌가 하는 생각이 들
지경이에요.

아 문제는 당신이 타고난 '불행체질'이냐가 아니라 남들이 당신
을 소중히 여기지 않을 만한 원인제공을 하고 있느냐 하는 것
이에요. 그리고 처음에 교제를 시작할 때 서로 의사를 확인하
는 절차 같은 건 없었나요?

치 음, 그러니까…… 딱히 그런 건 없었어요.

아 그래요? 어째서죠?

치 전에 사귀던 사람한테 "자꾸 애정을 확인하려고 하는 여자는
귀찮아"라는 이야기를 들은 적이 있어요. 실제로 제 앞에서
노골적으로 싫어하는 내색을 한 사람도 있었고요.

아 그래서요?

치 그래서 뭐, 될 수 있으면 서로의 관계에 대한 이야기는 화제로 삼지 않으려고 하고 있어요. 언제나 그냥저냥 시작해서 그냥저냥 끝나고 있죠.

아 오, 그런 식으로 생각하면 절대 안 되는데……! 자, 그 부분은 틀림없이 개선해야 할 포인트네요.

치 네? 그 부분이요? 이건 개선할 방법이 없어요. 쓸데없는 일이에요.

아 아니, 아니! 내 느낌은 틀릴 수가 없어요!

자기가치를 유지하는 것은 당신 자신의 몫이다

아 당신은 평소 싫은 일이나 생각이 있어도 그냥 말없이 넘어가지 않나요?

치 기본적으로는 그런 편이에요. 연애 중에 느끼는 불안을 남자들에게 하소연하면 대부분 "그런 이야기는 좀 무겁지 않나?" 하며 한마디로 일축하곤 하죠. 굳이 말로 하지 않아도 그들의 표정과 태도가 그렇게 보여요. 그래서 결국 전 아무 말도 할 수 없는 거고요.

아 뭐라고요?

치 선생님, 혹시 화내시는 건 아니죠?

아 이런! 미안해요. 얘기를 듣다보니 순간적인 화를 못 참았어요. 당신이 만나온 남자들이 모두 여자를 얕보는 타입은 아니었을까요?

치 아, 남자들한테 화가 나신 거군요! 그렇게 화를 낼 수 있는 선생님이 부러워요.

아 당신도 나처럼 화내도 좋아요. 화라는 감정은 자존심을 지키기 위해 필요한 경우도 있으니까 말이죠. 필요하다면 싸울 수도 있다는 태도를 분명히 하는 것은 매우 중요하답니다.

치 그러고 보니 지금까지 저 스스로를 위해서 싸운 적은 없었어요. 그래서 얕보였던 걸까요?

아 스스로를 소중하게 생각하지 않으면 이렇게 날이 선 태도를 드러낼 수가 없어요. 본인에게 당당하지 못한 태도가 만성화되면 다른 사람들에게도 존중받을 수 없게 되죠. 소홀한 대접을 받고도 참아 넘긴다면 당신의 가치는 더욱더 하락하겠죠.

치 결국 제가 '나에게는 적당히 대해도 괜찮다'는 분위기를 드러내고 있었다는 말씀이시네요.

아 말하자면 그런 거죠. 우선은 자기주장을 분명히 말할 수 있도록 특훈을 해야겠네요. 연애를 시작하기 전에 상호간의 의사확인은 필수고요, 두 사람 사이에 일어나는 문제를 해결할 때도 당신의 기분을 전달하는 것부터 시작하세요.

치 그렇지만 그렇게 주절주절 이야기를 하면 제가 너무 심각한 여자라고 생각할 것 같은데…….

아 그게 문제인가요? 애초에 인간이란 존재 자체가 심각하고 심오한 것 아닌가요? 그가 심각한 얘기를 싫어하는 사람이라면 그 부분은 그쪽에서 어떻게든 해결하겠죠. 그걸 스스로 처리하지 못하는 상대에게는 마음을 주는 것도 아깝죠.

치 그래요? 그런 생각은 미처 못 해봤어요. 그럼 상대로부터 넌 너무 심각하다든가 시끄럽다든가 그런 이야기를 들었을 때는 제가 구체적으로 어떻게 하면 좋을까요?

아 잠깐! 조금이라도 당신 스스로 생각하지 않으면 아무것도 바뀌지 않아요.

치 아, 네……. 전 그럴 때 그냥 조용히 입을 다물고 참는 것밖에는 떠오르지 않는데…….

아 당신이 갖고 있는 가능성을 무시하지 마세요. 당장 눈앞에서 벌어지는 불편한 상황을 피하려고 입을 다물면 나중에는 힘들어지게 마련이에요. 너무 많은 일들을 참아야 한다는 생각이 드는 그 시점에서 그와는 인연이 없다고 판단하는 것도 가능한 일이겠죠.

치 그렇군요! 지금 문득 생각났는데, 저는 오로지 상대에게서 버림받고 싶지 않은 것뿐일지도 모르겠어요. 제가 자기중심적인 사람이라서 그런 건가요?

아 극단적으로 말하면, 당신이 언제나 자신의 일만 생각하기 때문일 수도 있어요. 남자 입장에서 본다면, 제대로 사랑받고 있다는 느낌이 부족하겠죠.

치 아, 그런 부분도 분명 있는 것 같아요. 실은 '내 말을 듣고 있는 것 같지 않다'며 상대가 불쾌감을 보인 적도 여러 번 있었어요.

아 그들도 외롭고, 소중히 여겨주기를 바라니까 그런 식으로 항의하는 거겠죠?

치 그런 걸까요? 외로우니까 불쾌감을 드러낸다니……. 저는 전혀 몰랐어요.

아 그렇게 서로 섬세한 감정을 표현하거나 받아주는 것은 두 사람의 연애를 키워나가는 작업 중의 하나예요. 서로 자기밖에 생각하지 않는다면 상대가 보내는 중요한 사인을 너무나 쉽게 놓쳐버리게 되겠죠.

치 그렇군요……. 서로 다른 사람들이니까 한달음에 서로 베스트 파트너가 되기는 어렵다는 말씀이시군요. 서로 이해하려는 노력 없이 '나를 사랑해주기만 하면 괜찮다'고 생각하면 상처를 입는 건 당연한 일이겠네요.

아 야, 대단한 교훈을 찾아냈군요! 다음 사랑은 기대해도 괜찮을
것 같네요!

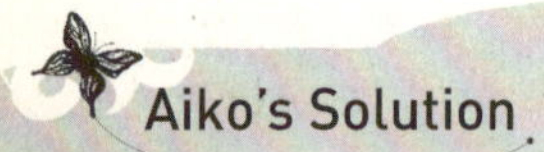

Aiko's Solution

···자존심은 대개 사람들의 칭찬과 기대, 사랑의 힘으로 지탱되지
만, 살아가는 방식에 지대한 영향을 주는 것은 자신이 스스로를 어떻
게 평가하는가 하는 것입니다. 이 부분까지 모두 다른 사람의 평가에
의존하게 되면 잠재적으로 불안정한 상태가 되죠. 혹시 지금 만족스
럽지 못한 연애를 이어가고 있다면, '아직 좋은 사람을 만나지 못했다'
라는 안일한 생각보다는 자신의 가치에 대한 재평가가 필요한 시점이
라고 생각해보세요. 자신의 가치를 평가절하 하는 것은 연애의 질을
떨어뜨릴뿐더러 일상의 행복과 안정도 멀어지게 한답니다.

'좋은 사람'이란 굴레를 벗어던지고
당신의 목소리를 내라

문제가 생길 때마다 상대를 위로하고 의견을 조율하는 건 당신 몫이라고
생각하는가? 하지만 일방적으로 상대의 푸념을 들어주는 동안 당신의
스트레스는 포화 상태에 이르고 만다.

Q **사키** | 29세, 백화점 고객센터 근무

요 몇 년간 고민해 왔는데, 저는 왜 항상 남자친구의 푸념과 우
는 소리를 들어주는 역할을 하게 되는 건지 모르겠어요. 일의 특
성상 저는 평소에도 남의 불평이나 불만을 들어줘야 하는 경우
가 많아요. 불평을 하는 것보단 들어주는 쪽이 편한 건 사실이
에요. 하지만 연애를 하는 동안에도 끝없이 이어지는 남자친구
의 불평을 들어주고 있자니 괴로울 때가 한두 번이 아니에요. 혹
시 그와 결혼하게 된다면 이런 생활이 매일 계속되는 건 아닐지,
마음이 무거워요.

듣고 싶지 않은 이야기는 흘려버려도 괜찮다

아이코 선생(이하 '아') 일방적으로 상대방의 이야기를 들어주기만 하는 건 스트레스죠. 그렇다면 당신도 본인이 하고 싶은 이야기를 하는 건 어떨까요?

사키 씨(이하 '사') 제 이야기도 하고 싶긴 하지만, 뭐랄까, 어느새 상대의 페이스에 말려들어요. 그 사람도 제 이야기는 그다지 중요하지 않다는 듯 이내 자기 이야기로 돌아가버리고요.

아 저런! 애써 이야기를 꺼냈는데 잘 들어주지 않으면 섭섭하겠는데요!

사 그의 일방적인 이야기에 지치기도 했지만 '잘 들어주지도 않는 주제에 잘도 얘기한다'는 생각이 들면 뭔가 불공평하다고 느끼죠.

아 잠깐! 지금 좀 화난 것처럼 보이네요?

사 맞아요. 화가 나요. 하지만 전 제가 이런 일로 성질을 낼 정도로 마음이 좁은 사람은 아니라고 생각해요.

아 그건 어떤 의미에선 직업병일 수도 있겠군요. 하지만 퇴근하고 나면 듣고 싶지 않은 이야기는 그냥 흘려버려도 괜찮아요. 특히 마음의 여유가 없을 땐 애써 들어주고 참아 넘기려 하지 마세요. 그런 식으로 상대와 경계를 두는 것도 중요하답니다.

다른 사람의 '감정의 쓰레기통'이 되지 마라

사 그는 자기주장이 너무 강해서 어떻게 해야 제 자신을 지킬 수 있을지 잘 모르겠어요. 저는 사실 기가 센 사람에게 눌리기 쉬운 타입이거든요.

아 물론 그 사람도 악의는 없었을 테고, 당신이 기분 좋게 이야기할 수 있는 분위기를 만들어 주니까 무심코 자기 이야기를 하고 있는 걸 거예요. 바꿔 말하면, 다른 사람이 드러내는 감정을 받아줄 수 있다는 건 대단한 재능이죠. 저 같은 사람은 부러울 지경인 걸요!

사 그런 재능, 전 별로 달갑지 않아요. 고객센터에서도 항상 그런 식이에요. 어려운 고객들은 전부 저한테 떠넘기죠.

아 속이 깊은 캐릭터라서 생기는 일이군요. 직장에서는 그런 끈기와 성실성이 신뢰를 이끌어내지만 남자와의 관계에서는 조금 조정이 필요하겠네요.

사 저도 그렇게 생각해요. 저는 대체 그에게 어떤 이야기를 하면 좋을까요?

아 어느 쪽인가 하면, 그와 협상을 하기보다는 자기 안에서의

개혁이 필요해 보여요. 이 얘기는 결국 '나는 다른 사람의 감
정의 더스트박스가 되는 건 이제 그만둘래'라고 결심을 하는
거죠.

사 제가 지금까지 쓰레기통 취급을 받았다는 말씀이신가요?

아 아니요. '감정의 쓰레기통'이나 '감정의 화장실'이라는 표현은
흔히 쓰는 것이니, 그런 데 신경 쓸 필요는 없어요. 이럴까봐
조금 멋있게 말한 거예요. 영어로, 더스트박스라고…….(웃음)

사 그렇게 말씀하셔도 충분히 충격적이에요. 정말로 선생님은
봐주시는 법이 없네요.

'좋은 사람' 역할을 포기해도 당신 가치는 떨어지지 않는다

아 자신의 기분을 절제하고 일방적으로 상대의 불평이나 변명을
받아주는 건 그렇게 간단한 일이 아니에요.

사 그렇겠네요. 진짜 쓰레기통은 그나마 자기감정이란 게 없으
니까 가만히 있어주는 거죠. 왠지 눈물이 날 것 같네요. 기껏
해야 쓰레기통 이야기일 뿐인데…….

아 기껏해야 쓰레기통 이야기가 아니니까 그런 거죠. 그건 당신
이 날마다 하고 있는 일이잖아요. 고객의 불만을 최대한 들어
주고, 퇴근 후엔 남자친구의 불만과 투정까지 들어줘야 하니

까요. 그건 누구에게라도 힘든 일이에요.

사 아, 선생님!(울음) 저, 정말 힘들었어요.

아 그래요, 그래. 얼마나 힘든 일인지 제가 잘 알아요.

사 그래도 조금은 제 스스로를 위로할 수 있게 된 것 같아요.

아 잘 됐네요. 남을 위해 도가 지나친 희생을 계속한다면 누구라도 마음이 힘들어지게 마련이죠. 언제나 상처입고 있는 거나 마찬가지잖아요! 그러다 보면 제법 괜찮은 사람까지 멀어지고 마는 경우도 있어요.

사 그런 일, 저도 경험했어요. 가끔 인내심에 한계가 와서 무언가가 끊어지면 그대로 헤어져버리고 마는 거죠.

아 당신은 인내를 정기적으로 저축해 두는 타입이군요. 안정된 인간관계를 이어가고 싶다면 예금이 만기가 될 때까지 무작정 참아서는 안 됩니다. 때로는 '좋은 사람'의 굴레를 벗어던지고 자신이 하고 싶은 이야기도 조금씩 하지 않으면 안 된다는 걸 기억하세요.

••• 가능하면 사람들에게 미움 받고 싶지 않다고 생각하는 것이 인지상정이죠. 풍파를 일으키지 않고 조용하고 원만하게 그 순간을 해결하고 넘어갈 수 있다면 가장 좋겠지만, 단지 겉으로만 '평화'를 지키기 위해 자신의 마음을 희생하고 있다면 주의가 필요합니다. 인내는 만기가 되면 폭발하기 쉬운 성질을 가지고 있기 때문이죠. 겨우겨우 애써온 '평화유지활동'이 쓸모없게 되는 위기를 피하기 위한 비책은 그럴 때마다 자신의 속마음을 다독이며 너그럽게 봐주는 것이랍니다.

type 5 과거지향적 연애

과거에 대한 미련 때문에 실패하는 여자들

섬세한 감성의 진중한 당신. 손해를 보는 것은 싫지만 탐욕적으로 행복을 붙잡으려는 일은 내켜하지 않는다. 하지만 사람은 실패에서 교훈을 얻고, 상처를 입으며 강해진다. 주변의 눈을 의식하지 않고 자신의 마음에 정직해지는 것이 행운을 가져온다.

과거의 상처 때문에 자신을
평가절하 하지는 마라

남자들이 친절하면 대하면 그들의 목적에 의심을 품는다거나 친밀해질
수록 솔직하기 어렵다거나, 본심과는 다른 행동을 해버린다? 이런 소녀
같은 태도는 당신의 과거 연애경험에서 오는 것일지도 모른다.

Q 사치코 | 34세, 영상 제작사 근무

이혼한 지 올해로 3년이네요. 저는 일과 친구들에게 둘러싸여
지내는 타입이라 독신생활을 매일매일 만끽하고 있어요. 이혼
의 상처는 아물고 있지만 솔직히 새로운 연애에 대해서는 확신
이 들지 않았죠. 그런데 갑자기 '남자들이 꼬이는 시기'가 온 것
같아 혼란스러워요. 이혼녀라고 말하면 갑자기 태도를 바꾸고,
결혼에 집착하지 않아서 그런지 많은 남자들이 접근을 해옵니
다. 그 중에는 결혼을 전제로 한 진지한 만남을 바라는 사람도
있지만, 아무래도 제가 따라가지를 못하네요.

과거의 경험을 평생 교훈으로 삼으란 법은 없다

아이코 선생(이하 '아') 좋잖아요! '돌싱'인데 이성들이 다가오는 시기라니…… . 인생을 즐길 줄도 알아야죠.

사치코 씨(이하 '사') 그게 좋은 걸까요? 제 기분은 들뜨지가 않아서요.

아 뭔가 마음에 걸리는 게 있나요?

사 결혼생활의 좋지 않은 기억 때문이죠. 오히려 일을 하고 있을 때 제 인생이 충만하다는 느낌을 받아요. 혹시 제가 결혼과 맞지 않는 건 아닐까요?

아 겨우 한 번 이혼한 걸로 그런 걸 알 수 있겠어요?

사 아뇨, 아뇨! 선생님, 겨우 한 번이라고 해도 이혼경력이 있고 없고의 차이는 굉장히 커요.

아 그렇군요. 당신은 이혼경력이 있다는 걸 항상 마음에 두고 있네요. 상대는 어떨지 잘 모르겠지만…… .

사 제게 관심을 보이는 사람들은 모두들 그런 건 신경 쓰지 않는다고 말하긴 하지만…… .

아 하지만?

사 '연애도 결혼도 때려치우면 그만이지, 뭐!' 하고 제 심사가 뒤틀린 듯한 느낌이 들어요.

아 그래요, 경험자니까 진지해지는 것도 당연하죠. 하지만 과거의 경험을 천년 후까지 교훈으로 삼아 살아갈 필요가 있을지 잘 모르겠네요. 때에 따라선 마음을 정리하면서 가볍게 기회를 잡아보는 건 어떨까요?

자격지심에 취해 상대를 시험하지 마라

사 그런데요, 선생님! 어떤 남자라도 사랑하는 거야 쉽지만, 인생을 공유하는 건 어려울 것 같아요.

아 어머나! 그 얘기는 당신이 새로운 연애를 시작하지 못하는 게 상대 남자가 미덥지 못해서라는 이야기인가요?

사 선생님, 그게 무슨 말씀이세요? 그렇게 비꼬듯이 말씀하지 말아주세요.

아 당신 말은 믿음직스러운 남자라면 괜찮다는 거잖아요. 결국 당신은 남자에게 기대고 싶다거나 보호받고 싶다는 심층심리가 있는 게 아닐까요?

사 벼, 벼, 별로 그런 건 아니에요!! 저는 지금 일도 순조롭고, 경제적으로 곤란하지도 않고, 친구들도 많아요. 그러니까 일부러 귀찮은 연애를 제 인생에 끌어들일 필요가 있는지 검토할 필요가 있다고 생각하는 것뿐이라고요!

아 네, 네! 이제 그만!!

사 아, 또 이렇게 되었네요. 강한 척하는 데 지쳐서 여길 찾아온 거였는데…….

아 그러고 보니, 여기 오기 직전에 무슨 일이 있었던 거죠?

사 어차피 이렇게 된 거, 그냥 전부 말씀드릴게요. 실은 요즘 저한테 관심이 있는 남자와 술이라도 한잔 하러 가면 일이 꼭 꼬여요. "왜 일부러 문제 있는 여자를 고르는 건데? 취향 한번 별나네!"라며 자격지심을 드러내며 상대를 불편하게 하고, 나중에 가선 제가 되레 기운이 빠져버리는 일이 반복되곤 해요.

아 아유! 그래선 매력 없어 보일 텐데…….

사 제가 무의식중에 상대를 시험하는 것 같아요. 만나던 사람 중에는 굉장히 성실한 사람도 있었지만, 그런 사람일수록 제가 더 문제를 일으키고 말죠. 이젠 제 스스로가 싫어져요.

상처를 입는다고 해도 당신의 가치는 변하지 않는다

아 얘기를 듣고 보니, 당신은 지금 누군가에게 무지무지 사랑받고 있는 것 같군요!

사 그래요? 누구에게요? 제 얘기 중 어느 부분이 그렇게 들리시는 거죠?

아 그건 잘 모르겠지만, 사랑받고 있으니까 마음 깊은 곳에서 부정적인 기분에 대한 금지령을 내린 것 아닐까요?

사 네? 저는 무슨 말씀을 하시는 건지 잘 모르겠어요.

아 혹시 이혼 이후 3년 간 최선을 다해 온 건 사람을 믿고 싶다는 마음을 숨기기 위해서 그랬던 게 아닐까요? 언젠가 배신당할 거라면 차라리 아무도 믿지 않는 편이 낫다고 말이죠. 언젠가 거절당할 거라면 아무에게도 어리광 부리지 않는 편이 낫다고 생각하며 필사적으로 자신을 지켜온 건 아닐까요? 어머, 왜 울고 그래요! 그냥 일반론일 뿐인데…….

사 선생님 말씀이 모두 맞으니까요. (울음)

아 사랑받고 있다는 확신이 없으면 말로 할 수 없는 게 많답니다. 틀림없이 당신이 어떤 이야기를 해도, 어떤 상태라 하더라도, 변함없이 애정을 전하는 남자가 있지 않나요?

사 네, 그래요. 그는 저보다 어리긴 하지만, 너무 좋은 사람이에요. 하지만 저, 그 사람에게는 유독 못된 모습들만 보여주고 있어요.

아 그래서 그 사람이 심술궂은 말만 하고 전혀 귀엽지도 않은 소리만 하는 당신이 이젠 싫어졌다고 하던가요?

사 아뇨, 그 사람은 좀 달랐어요. 얼마 전에 드디어 "결혼도 충분히 고려하고 있어. 진심이야"라고 하더라고요. 아, 하지만 전

너무 두려워요.(울음)

아 뭐가 두려운가요?

사 바보처럼 감정기복을 이겨내지 못하고 울어버리는 것도 그렇
고요. 이혼 경험이 있는 저에게 그가 아깝다는 생각도 들어
요. 그의 부모님께서 절 받아주시기나 할지, 모든 것들이 너
무 무섭고 두려워요.

아 무슨 소리예요! 당신이 매력적이니까 남자들이 다가오는 것
이라고 생각해야죠. "내가 이혼한 덕분에 당신에게도 기회가
왔으니 당신에겐 얼마나 행운이야?"라고 생각할 정도로 뻔뻔
해져도 괜찮아요.

사 선생님은 정말로 긍정적이시네요.

아 여자로 30년 넘게 살아왔으니 상처 한두 개쯤이야 당연한 것
아닌가요? 그렇지만 실패하고 상처를 입는다고 해도 당신의
가치는 변하지 않는다는 걸 알아야 해요. 무슨 일이 있더라도
자신을 버리지 않고 살아왔다는 것이야말로 여자로서 대단한
힘을 가지고 있다는 증거니까요. 그 부분에 대해 충분히 점수
를 주도록 하세요.

••• 사람의 마음에는 불가사의한 장치가 있어요. 큰 상처가 된 연애경험은 마음 깊은 곳에서 단단히 문을 걸어 잠그고 잠을 자고 있지요. 다시 사랑받고 있다는 확신이 들게 되면 그 긴 잠이 끝나게 됩니다. 사랑에서 안도감을 얻는 순간, 잠들어 있던 부정적인 감정이 표면화되면서 상처를 건드리는 것이죠. 하지만 그건 다시 한 번 사랑받고, 사랑을 하기 위한 과정의 하나일 뿐이에요. 스스로 제어할 수 없는 감정에 휘말리더라도 너무 걱정할 것 없어요. 그 역시 마음의 상처를 치유하고 새로운 연애를 시작하기 위한 준비과정일 뿐이니까요.

과거의 십자가를 짊어지고
평생 반성하며 살 필요는 없다

사람은 누구나 성장하면서 한두 가지 과거는 갖게 된다. 미래를 바라보고 건강한 삶을 꾸려나가려고 해도 예측할 수 없는 한방까지는 피할 수 없다. 아픈 기억으로 남은 전 남자친구의 좋은 소식 따위, 솔직히 싫다.

Q **치아키** | 29세, 호텔 파티시에

며칠 전, 제과전문학교에서 공부하던 시절에 만났던 옛날 남자친구에게서 뜬금없는 메시지를 받았어요. 그렇게 기다리던 첫아이가 태어났다며 아이 사진을 첨부한 메시지였죠. 아마 단체 메시지를 보냈는데 그 중에 저도 포함되어 있었던 것 같아요. 그와 만나던 학생시절, 우리 사이에도 아이가 생겼었어요. 하지만 그냥 보낼 수밖에 없었죠. 뭔가 복잡한, 말로 설명하기 힘든 기분이에요. 그의 의도도 모르겠고, 일단 모른 척하고 내버려뒀는데 계속 화가 나요.

전 남자친구의 행복을 축복해주려 애쓰지 마라

아이코 선생(이하 '아') 그 남자분이 좀 무신경했네요.

치아키 씨(이하 '치') 그렇죠? 정말 지긋지긋해요. 무심코 보낸 게 아니라, 제게 메시지를 보내도 괜찮을 거라고 생각한 거라면 더 충격이고요. 학생시절의 일이 그에게는 하찮은, 그저 씁쓸한 기억 정도인 걸까요?

아 당신에게는 대단히 심각한 일이었을 거 아녜요?

치 그럼요. 그 상처와 죄책감을 벗어나는 데 몇 년이나 걸렸어요. 그 일로 인해 전 파티시에가 되어 당당하게 살겠다는 결심을 하게 됐어요. 제겐 그만큼이나 중요한 일이었는데…….

아 무슨 말인지 알겠어요. 본인에게야 축하받고 싶은 일이지만, 당신의 기분은 생각지도 않고 그렇게 즐거워하며 단체메시지를 보내버린다면 당신 입장에서는 화가 날 수밖에 없죠.

치 혹시 제가 지나치게 신경 쓰고 있는 건 아닌가요? 이런 경우, 아무렇지 않게 축복해주는 것이 성인으로서의 매너인가요?

아 당신은 어떻게 생각하나요?

치 좀 힘들어요. 아무래도 무리죠. 제 안에서는 아직 끝나지 않은 일인걸요.

아 그렇게 생각한다면 답장 같은 거 하지 않아도 괜찮아요. 메시지가 도착했던 건 그냥 사고라고 생각하고요. 그 메시지랑 그 남자분의 연락처를 삭제하도록 하세요.

치 그렇게 하면 된다는 거, 저도 머리로는 알고 있어요. 하지만 뭐라고 해야 할까요, 결론이 딱 나오지가 않아서…….

아 10년 가까이 지난 지금까지 '끝나지 않았다'고 느끼고 있다는 건 당신 내면에도 상당히 깊은 문제가 있는 것 같은데요.

치 네, 분명히 아직 납득되지 않는 부분이 있어요.

'미처리 감정'은 언젠가 다시 나타난다

아 내면에 아직 처리되지 못한 감정이 남아 있는 건 아닌가요? 그와 헤어지고 10년 동안, 그냥 슬쩍 뚜껑을 덮어 두었던 감정이 그의 무신경한 메시지 때문에 뚜껑이 열려버린 건지도 모르겠단 생각이 드는군요.

치 네, 그런 느낌이에요. 하지만 이제 와서 과거를 다시 문제 삼는다 해도 의미가 없다는 걸 알아요. 감정에 휘둘리는 건 어른스럽지 못한 건데, 이성적으로 생각하기가 어려워요. 단지 쇼크받았다는 느낌뿐이에요.

아 그 과거, 오늘로 끝내도록 하죠. 그의 메시지가 계기가 되어 다시 생각난 과거의 일이나 상황, 뭐든 좀 말해줄 수 있어요?

치 네. 실은 저도 잊고 있었는데, 최종적으로 아이를 보내자고 결정했던 건 저였어요. 물론 그 당시에 그는 완전히 사고가 정지된 상태였죠. 그러면서도 그렇게 중요한 시기에 전부터 계속 가고 싶었다면서 혼자 워킹홀리데이를 떠나버렸어요.

아 네? 그 사람이 해외에 나갔다는 이야기인가요?

치 네. 수술 날짜가 정해질 때쯤, 그의 출국일도 다가오고 있어서 전 더 이상 그에게 어떤 것도 기대할 수 없다고 생각했어요. 결국 혼자 병원으로 향했죠.

아 그렇군요. 바로 그때 당신의 마음이 얼어붙은 거로군요.

가능성까지 억누르는 '과거'와 잡고 있는 손을 놓자

치 저도 물론 불안하고 무서웠어요. 하지만 그와 달리, 저는 도망칠 길이 없었죠.

아 그래서 지금까지도 그에 대한 분노를 담아두고 있었군요. 무섭고 외롭고 허전한 마음을 삼키고 있던 당신에게 그의 메시지는 급작스럽게 현실을 일깨워줬겠군요.

치 이런 남자에게 의지해 봤자란 심정으로 단념했는데, 10년이 지난 지금도 원망하는 마음은 오히려 더 커진 것 같아요.

아 무리도 아니죠. 하나 더 묻고 싶은데, 그는 언제나 나보다 먼저 편한 곳으로 도망간다고, 그렇게 생각하진 않았나요?

치 그렇게 생각했어요. 아, 또 화가 나고 너무 분해요. 메시지를
봤을 때도 '넌 언제나 느긋해서 참 좋겠다' 그런 생각이 들면
서 속이 뒤집혔어요.

아 그가 메시지를 보낸 건 무신경한 행동이었지만, 다른 시각으
로 보면 어떨지 모르겠네요. 음, 이를테면 이제 당신은 과거
의 십자가에서 해방되어도 괜찮다는 의미라든가.

치 저도 물론 그렇게 생각하고 싶어요. 그에게도 계속 10년 전의
십자가를 짊어지고 평생 반성하면서 살라고 할 수도 없는 노
릇이고요.

아 아니, 당신 자신에게 말이에요. 일로써 과거에 대한 속죄를
대신하려는 것도 이제는 그만해도 괜찮아요. 이젠 정말 마음
편하고 행복한 일을 하면 어떨까요?

치 사실은 제가 늘 거절하는 주문이 있어요. 결혼식과 관련된 것
들이요. 제가 누군가의 행복에 직접적으로 관련되는 것만으
로도 두려웠거든요. 하지만 이제 긍정적으로 검토해 봐야겠
어요.

아 그래요. 그런 태도가 좋아요. 힘든 경험을 한 만큼 행복의 가
치를 더 잘 알게 되는 거죠. 과거를 통틀어 자기 삶의 방법에
자신을 가지도록 하세요.

· · · 분명 과거의 일인데, 나의 내면에서는 아직 끝나지 않은 일이 있죠. 소화되지 못한 감정을 동반하는 '미완의 사건'은 누구라도 한두 개쯤 갖고 있는 법이죠. 그 사건이 어떤 자극을 받아 갑자기 되살아나면 마음에는 바람이 휘몰아치고 겁이 나죠. 하지만 괜찮아요. 괴롭더라도 기억을 다시 꺼내 그 감정을 느낄 수 있다면 뛰어넘을 수도 있어요. 참기 어렵고 힘들수록 가슴에 묻어두기 쉽지만, 시간이 흐르면 당신에게도 과거를 받아들이고 뛰어넘을 수 있는 힘이 생긴다는 것을 잊지 마세요.

실연도, 이혼도 최선을 다하고
난 뒤에 받은 훈장이다

이혼은 동서고금을 막론하고 흔한 일이지만 그 이유와 사정은 각양각색
이다. 평소에는 아무렇지 않게 넘길 수 있는 화제들도 나에게 일어난다
면 그건 또 다른 이야기. 흔들리는 이혼녀의 마음, 어쩌면 좋을까?

Q 리사 | 35세, 통신판매회사 고객대응 팀 근무

3년 전, 결혼하고 전업주부가 되었는데 남편이 우울증에 걸렸어
요. 다행히 아이가 생기기 전이라 제가 다시 일을 시작했어요.
생활은 어떻게든 유지했지만 좀처럼 나아지지 않는 그의 병을
끌어안고 사는 것이 너무 힘들어 1년 만에 이혼을 결정했죠. 위
자료는 당연히 한 푼도 받지 못했고요. 결혼을 통해서 제가 뼈
저리게 느낀 건 누군가에게 인생을 맡긴다는 건 너무 무서운 일
이라는 거였어요. 지금은 경제적으로도 자립했지만, 결혼하고
행복해하는 친구들과 소원해진 것이 고민이에요.

심신의 한계는 자신을 지키기 위해 있는 것이다

리사 씨(이하 '리') 선생님, 결혼해서 잘 살고 있는 친구들을 피하는 제가 이상한 거죠?

아이코 선생(이하 '아') 이상하지 않아요. 마음속에 부조화가 생겨서 그런 거니까요. 어떤 표정을 해야 할지 잘 모르겠다는 게 오히려 솔직한 기분이겠죠.

리 어째서 다들 결혼하는 걸까요? 빚이라든가 병이라든가 자신의 일이 아닌 문제까지 책임져야 하는데……. 또 그런 걸 이혼사유라고 말하면 그건 비겁한 짓이라고 비난하죠.

아 흠……. 상처가 제법 큰 것 같군요.

리 제가 고민하고 있던 시기에 점쟁이가 그러더군요. "당신이 그에게 지나치게 의존해서 그가 무거운 짐을 짊어진 것이 병의 원인이에요"라고요. 그래서 도망치듯 이혼 절차를 밟은 것 같기도 해요…….

아 어머! 그 점쟁이가 말을 너무 세게 했네요. 문제를 해결하기 위해 노력하다 '아, 너무 힘들다'고 느끼는 경우도 분명히 있는데 말이죠. 그게 당신 때문이라고 말하다니 너무했군요.

리 네, 괴로웠어요. 저는 제가 할 수 있는 한 최선을 다하려고 했는데, 아픈 남편을 지켜주려는 애정도 없고, 가정을 지키려는 의지도 없는 사람이라고 질책하는 것만 같았어요.

아 그걸로 책임감을 느낀다면 이제 그러지 않아도 돼요. 주변에
서 어떤 시선으로 바라보든, 그 당시의 당신이 한계를 느꼈던
거예요. 그 한계를 무시했다면 당신의 몸과 마음이 망가졌을
지도 몰라요.

과거는 자신을 벌주는 것보다 무언가를 배우기 위한 것

리 이혼은 꼭 해야만 했던 일이라고 지금까지 생각해왔어요. 선
생님께서 할 수 있는 만큼 다 했다고 인정해주시니 조금 구원
받은 느낌이네요.

아 그래요, 잘됐네요.

리 하지만 친구들에게 느끼는 미묘한 감정은 아직 남아 있어요.
이건 어떤 감정일까요?

아 당신은 뭐라고 생각하나요?

리 별로 인정하고 싶지는 않지만, 질투겠죠.

아 그럴지도 모르겠네요. 자신은 열심히 노력해도 손에 넣을 수
없었던 안정을 너무나 쉽게 거머쥔 사람이 눈앞에 있으면 아
무래도 마음이 흔들릴 수밖에 없죠.

리 맞아요. 행복하게 살고 있는 친구들의 이야기를 들을 때마다

마음이 흔들려요. 저는 정말 결혼으로 행복을 바라면 안 되는 타입인가 하는 생각이 들곤 해요.

아 스스로 쉽게 변할 수 없는 부분에서 원인을 찾으려고 하면 빠져나오기 힘든 덫에 걸려들기 쉽죠. 상대의 상태가 좋지 않다든가, 서로 잘 맞지 않는다든가, 경우에 따라서는 내가 좀 어리게 굴었다든가 하는 식으로, 생각하는 방법에도 여러 가지가 있어요.

리 그렇군요. 저는 자신을 몰아세우는 경향이 있다는 거네요.

아 과거의 일을 가지고 자신을 벌주는 것은 오늘로 그만하죠. 과거는 무언가 배우기 위해서 일어났던 일일 뿐 자신에게 벌을 주기 위해서 일어났던 건 아니니까요.

상처는 최선을 다해 도전하고 있다는 증거일 뿐이다

리 하지만 저는 막상 연애를 하려고 생각하면 움츠러들게 돼요. '이번에도 잘못되면 어떡하지?' 하는 생각이 먼저 들죠. 아무래도 제 성격에 무슨 문제가 있는 게 아닐까 싶어서 진전시키기가 힘들어요.

아 그렇게 생각하기 쉽죠. 그럴 때마다 현실적으로, 심플하게 생각하는 연습을 해보면 어떨까요?

리 스스로 생각의 방향을 전환시킬 수 있다면 저도 좋겠어요.

아 예를 하나 들어볼게요. 농구부에서 활동하는 여학생이 '시합 전에 손가락을 삐다니, 난 저주받았어. 분명히 농구와 나는 맞지 않는다는 암시인 거야'라고 생각한다면? 혹은 철봉을 거꾸로 오르는 연습을 하던 아이가 '이렇게 바로 피멍이 생기는 체질인 난 철봉을 할 자격이 없는 것과 다름없어'라고 생각한다면 어떻겠어요?

리 아하하! 저도 농구부였었는데, 그건 얼토당토않은 얘기죠.

아 그렇지만 진심으로 그렇게 생각하고 있는 그 아이들에게 당신이라면 무슨 말을 해줄 건가요?

리 글쎄요. 아마 농구부원인 아이에게는 부상을 입는다는 건 최선을 다해 도전하고 있다는 증거니까 다음에는 손가락이 삐지 않도록 조심하면 도움이 될 거라고 충고하겠죠.

아 그럼 철봉을 하는 아이에게는?

리 연습 때문에 생기는 피멍은 훈장이라고, 조금씩 실력이 나아지고 있으니까 포기하지 말고 지금까지 열심히 해온 자신을 믿고 조금만 더 노력하라고 말해주고 싶어요.

아 자, 생각해봐요. 농구와 철봉을 하는 아이들을 사랑하다가 지치고 다쳐서 새로운 사랑 앞에 망설이고 있는 당신이라고 생각하면 어떤 느낌이 드나요? 자신에게는 어떤 이야기를 해주고 싶은가요?

리 아, 그런 말씀이시군요. 조금 부끄러워지네요. 결국 그런 식
　으로 생각하면 되는 거군요. '이혼하고 상처를 입었다는 건 최
　선을 다해 도전하고 있다는 증거니까', '실연도 훈장이야'라고
　말이죠. 정말 멋진 충고예요.

아 그래요. 당신은 나름의 부드러운 감성을 가지고 있으니, 자신
　에게도 멋진 미래를 기대하고 따뜻한 위로의 말을 건네는 걸
　잊지 마세요.

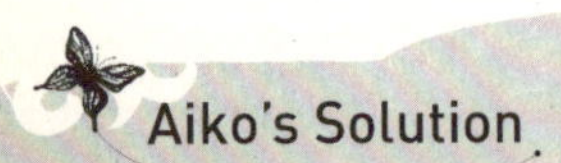

Aiko's Solution

· · · 어른이 되어 아픈 경험을 하게 되면, 상처를 피하고 싶은 마음
에 아픈 경험을 하게 된 이유를 분석하려 들게 됩니다. 번잡한 일상을
살아가는 어른의 위기회피를 위해서라면 도움이 되겠지만, 그 방법이
우리의 행동과 가능성을 필요 이상으로 제한할 경우에는 이야기가 달
라지죠. 더 이상 손 쓸 방법이 없다는 생각이 들 때는 괴롭겠지만 몸
으로 부딪쳐서라도 계속 꿈을 이어오던 시절의 기분을 떠올려보는 것
이 도움이 될 수도 있을 거예요. 이제 그만 과거의 잘못이나 나쁜 경
험으로부터 자신을 놓아주세요. 그래도 괜찮아요.

연애나 실연만으로 당신의 가치를
설명하는 것은 어리석은 일이다

도무지 납득이 안 되는 이유로 실연을 당했다면? 이제는 상처받아 흔들리는 자존심을 어떻게 지킬 것인지가 중요한 과제다. 당신의 시계가 실연당한 그 순간부터 멈춰버린 건 아닌지 되돌아보자.

Q **요시미** | 30세, 시스템 엔지니어, 경력 6년차

1년 전, 장거리 연애를 해오던 남자친구와 헤어지게 되었어요. 그때부터 연애에 대한 관심이 사라졌어요. 누군가 저에게 관심을 보여도 오히려 움츠러들고 피하게 되죠. 새로운 사랑을 하는 것이 상처를 치유하는 데 도움이 된다는 건 알고 있지만, 새로운 사람을 만날만한 기회가 있어도 연애모드로 진전되지가 않아요. 제가 원래부터 이렇게 연애에 겁먹는 성격은 아니었는데 왜 이러는지 모르겠어요. 아직 예전 남자친구와의 경험을 벗어나지 못한 게 아닌가 싶어요.

실연은 애인을 잃을 뿐 아니라 자신감을 잃는 것

요시미 씨(이하 '요') 20대 때엔 더 쉽게 사귀고 더 쉽게 이별했었죠. 나름의 타당한 이유도 있었고, 힘들고 괴로웠지만 펑펑 울고 다 털어버린 다음엔 다시 새로운 사람을 만나 희망을 찾기도 했고요.

아이코 선생(이하 '아') 연애방법에도 당신만의 사이클이 있었네요.

요 네. 어릴 땐 적어도 그런 사이클을 반복하는 것이 귀찮지는 않았죠.

아 지금은 귀찮아졌다는 건가요?

요 이런 생각이 들어요. '연애는 귀찮다'고 자연스럽게 내뱉을 만큼 극단적으로 연애에서 멀어진 건 아니지만, 연애모드가 되면 무언가가 저를 말리는 것 같은 기분이에요.

아 아, 그래요? 그런데 어깨 근처에 뭐가 보이는데……?

요 으악! 뭐예요? 선생님, 혹시 그런 게 보이세요?

아 그건 말할 수 없는데……. 봐요, 보풀 같은데?

요 선생님, 왜 그러세요? 전 정말 심각한데……. 정말로 뭐가 붙어 있을 것만 같았단 말예요!

아 그래요, 그런 이야기군요. 지금 상태는 잘 모르겠지만, 답답한 자신의 행동을 제한하게 된다는 건 결국 마음이 뭔가에 붙잡혀 있는 것만은 분명하죠. 30대의 연애는 20대와는 다르죠. 연애에 기대하는 부분도, 최종적으로 구하고자 하는 것도 변하는 나이니까요. 어떤 의미로는 좋은 과도기죠. 당신은 앞으로 어떻게 하고 싶은가요?

요 가능하면 한 번 더 연애를 하고 싶어요. 또 결혼도 해보고 싶어요. 하지만 연애라는 게 이젠 좀 무섭다, 아니, 귀찮다고 해야 할까…….

아 응? 무서운 것과 귀찮은 건 종류가 좀 다른데요? 솔직히 말하면 어느 쪽이죠?

요 그렇죠. 저도 말하고 보니 그러네요. 아마 무섭다는 게 제 진짜 마음일 거예요. 1년 전에 실연당한 이후로 완전히 자신감 상실 상태거든요.

실연 때문에 자신의 가치를 깎아내리는 일은 이제 그만!

아 대체 무슨 일이 있었나요?

요 만나던 남자가 새로 전근을 간 근무처에서 다른 여자가 생겨버렸어요. 그때 저는 일이 너무 바빠서 그의 변화를 눈치 채지 못했었어요. 제가 그의 일상을 꿰뚫기엔 물리적인 거리가 너무 멀었던 거죠.

아 그랬군요. 실연의 경험을 질질 끄는 것도 여러 가지 타입이
  있는데, 당신은 자신이 어떤 타입이라고 생각하나요? 자신이
  잘못했다고 생각하는 타입인지 혹은 자신은 잘못한 게 없다
  고 생각하는 편인지, 그것도 아니면 남의 일처럼 생각하고 싶
  은 건지…….

요 제가 잘못했다고 생각하는 쪽에 가까운 것 같아요. 열심히 했
  는데도 그에게 선택받지 못한 것 때문에 버려졌다고 느낀다
  거나, 여자로서의 패배감에 빠진다거나……. 그 여자의 어떤
  부분이 좋았던 걸까, 나는 뭐가 부족했던 걸까 그런 생각을
  하다보면 너무 괴로워져요.

아 그거야 물론 괴롭죠. 하지만 언제나 상대만 옳다고 생각하지
  않아도 괜찮아요. 그도, 그의 새로운 여자도 약하거나 어딘가
  부족한 부분은 있을 테니까요.

요 그럴까요? 당시에는 장거리 연애 중이라서, 제대로 사태를
  파악할 수도 없었어요. 저만 외톨이가 된 기분이었죠. 저는
  늘 헤어지자는 이야기를 듣는 쪽이었으니 어떤 감정을 어떻
  게 처리하면 좋을지도 잘 몰랐어요.

아 그 사랑의 결론이 자신의 가치를 깎아내리는 것이었다면, 이
  제 그런 건 그만두죠. 자신을 평가절하 하는 일을 그만두는
  이 작업이 앞으로 한걸음 내 딛는 계기가 될 거예요.

요 지난 1년 동안 자기연민에 빠지지 않기 위해 노력해 왔어요. 하지만 새로운 연애를 시작하면 최선을 다해 지켜온 저의 평온한 생활이 끝나버릴지도 모른다는 생각에 두려웠던 같기도 해요.

아 상처받은 마음에 갑옷을 입혔군요. 안타깝네요. 하지만 아름다워요, 그 섬세한 감정이……

요 그때는 분명 제 자신이 가엾게 느껴졌고, 상처를 받았었죠. 그렇게 인정하는 것만으로 기분이 좀 달라지곤 했거든요. 납득할 수 없었던 실연의 기억이지만, 저는 제 나름대로 앞만 바라보려고 노력했어요. 이젠 좀 편해지고 싶어요.

아 그런 생각이 들기 시작할 때가 좋은 타이밍이죠. 자신을 뒤돌아보고, 정말로 부족했던 점이 있었다면 지금부터 고쳐나가면 돼요. 뭐, 단순히 상대의 상황이 나빠진 것뿐이라면 크게 신경 쓸 것도 없죠. 당신이 상대의 욕구와 필요에 맞지 않는다는 건 당신의 매력과 재능의 유무와는 또 다른 차원의 이야기니까요,

요 그렇군요. 그가 원하는 것과 제가 맞지 않다 해도 여자로서 저의 가치가 낮아진 건 아니라는 말씀이신 거죠?

아 맞아요. 당신은 자기반성을 자주 하는 타입이니까, 앞으로도
자신감이 떨어질 땐 그렇게 주문을 외우도록 하세요.

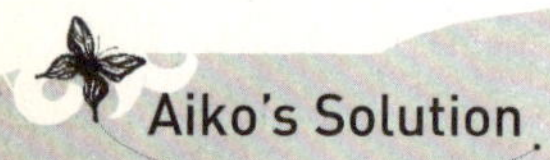

Aiko's Solution

• • • 몹시 배가 고플 땐 근사한 레스토랑을 예약하고 우아하게 식사
를 하는 것보다는 근처에서 손쉽게 먹을 수 있는 메뉴를 먼저 고르게
되죠. 이런 것은 당장의 필요와 욕구에 의한 단순한 결정이에요. 연애
에서도 이런 일들은 종종 일어난답니다. 자신의 필요나 욕구를 좇아
달라진 사람 때문에 당신의 가치를 절하하지는 마세요. 내가 나빴다
고 생각한다면 반드시 마음을 다잡을 필요가 있어요. 연애도, 실연도
절대 당신을 평가하는 기준이 될 수 없답니다. 당신은 아직 서로의 필
요와 욕구가 정확히 부합하는 사람을 못 만난 것뿐이니까요.

type 6 파랑새 증후군 연애

꿈속의 사랑을 찾아 떠나는 끝없는 방황

순진하고 순수한 감성을 소유한 당신. 언젠가 행복해지겠다는 각오는 충분하지만, 우선은 두 발로 땅을 딛고 서는 것부터 시작해야 한다. 멀리 있는 상징적인 행복보다 발밑에 있는 현실적인 행복을 하나하나 수집해 나가는 것부터 시작하도록!

행복의 상징들을 행복의 조건으로
착각하면 안 된다

공부나 일처럼 무언가에 최선을 다하는 여성의 모습은 반짝반짝 빛나게 마련이다. 남자들에게도 좋은 인상을 준다. 하지만 동기에 따라서는 오히려 역효과가 날 수도 있다는 사실을 기억해라.

Q 미키 | 33세, 플로리스트

올해 초, 점쟁이에게 "좋은 사람과 인연이 없는 건 너에게 문제가 있기 때문이야"라는 이야기를 듣고 충격을 받았어요. 저는 행복해지기 위해서 최선을 다하고 있어요. 좀 더 나은 여성이 되기 위해 피부 관리와 네일 아트를 받고, 요가와 메이크업, 요리교실에도 다니고 있죠. 커리어를 쌓기 위해 자격증 공부도 하고 있고요. 최근에는 풍수적으로 좋다는 맨션으로 이사도 했어요. 그런데도 좀처럼 좋은 남자가 나타나지는 않네요. 더 이상 어떻게 해야 제가 행복해질 수 있을까요?

행복을 상대로 싸움을 걸면 행복은 저 멀리 달아날 뿐

아이코 선생(이하 '아') 이런저런 분야로 노력을 많이 하고 계시네요.

미키 씨(이하 '미') 맞아요. 제 자신이 문제라고 하니, 도저히 가만히 있을 수가 없어서요.

아 그냥 좀 확인하고 싶은 부분이 있는데, 점쟁이는 당신의 어떤 부분이 문제라고 하던가요?

미 네? 거기까지는 못 들었는데요.

아 좀 늦은 이야기지만, 점쟁이가 어떤 이야기를 하려고 했던 건지 확인한 다음에 노력했어도 괜찮았을 텐데 싶네요.

미 그런데 그 점쟁이는 일방적으로 제게 시비를 거는 것처럼 보였어요. 그래서 저의 불운을 제 탓으로 돌릴 수 없게, 상황을 잘 정리한 뒤에 다시 가보려고요.

아 그래서 '그까짓 거, 그까짓 거 정도야' 하며 노력했나요? 마치 점쟁이에게 인정받고 싶어서 열심히 하고 있는 것처럼 보이네요.

미 왜냐면 너무 분하잖아요. 사기꾼 점쟁이가 날 다시 보게 할 거라고 다짐했죠.

아 사기꾼이라고 생각한다면서 어째서 그의 말을 믿고 여러 가지 도전을 하고 있는 건지 잘 모르겠네요.

미 그건 저도 잘 모르겠어요! 어쨌든! 멋진 남자를 만나기 위해서 저는 앞으로도 '좋은 여자가 되기 위한 수행'을 계속 할 거예요.

아 기분 상하게 했다면 미안해요. 하지만 그 '그까짓 것쯤이야'라는 태도는 남자도, 행복도 멀어지게 한다고요! 행복은 그렇게 싸움을 걸고, 씩씩거리며 도전하는 게 아니랍니다. 연애도 마찬가지죠.

미 이젠 선생님까지 제게 시비를 거시는 거예요?

아 시비라니요. 그런 게 아니에요. 제3자의 시각에서 자신을 바라보세요. 아니면 비슷한 또래의 여자들에게 물어봐요. 그들이 뭐라고 할까요? '이 사람은 왜 이렇게 어깨에 힘이 들어가 있는 걸까?' 분명 그렇게 생각할걸요!

미 제가 이 이상 뭘 어떻게 해야 한다는 말씀이세요?

아 그게 말이죠…… 당신은 오히려 아무것도 하지 않는 편이 좋겠어요.

 ## 행복의 상징들을 행복의 조건으로 착각하지 마라

미 아무것도 하지 않아도 된다는 게 무슨 말씀이세요?

아 자자, 그렇게 씩씩거려도 아무것도 얻을 게 없어요. 물이라도 한잔 마시면서 좀 진정하고 이야기하죠.

미 네, 대신 분명하게 대답해주셔야 해요.

아 이런! 물도 단숨에 꿀꺽! 뭐든지 그렇게 정색하지 않아도 괜
찮을 텐데……

미 됐으니까 이야기나 계속 해주세요.

아 있잖아요, 누군가를 찍소리 못하게 할 거라고 다짐하는 건 상
처받은 자기애를 충족시키려는 마음에서 동기부여가 된 거예
요. 전리품을 손에 넣는다고 해서 행복이 찾아오는 건 아니
죠. 조금만 시간이 지나면 다시 다른 목표가 등장하게 마련이
거든요.

미 전리품이라니 무슨 말씀이신지?

아 당신이 자신의 가치와 행복을 보증한다고 생각하는 것들이
죠. 외적인 아름다움, 화려한 자격증, 멋진 집, 혹은 근사한
남자친구 말이에요.

미 네? 말씀하신 것들은 전부 행복의 조건이고, 행복의 증거 아
닌가요?

아 그런 것들은 모두 상징이라고 하는 거죠. 하지만 그 상징들을
손에 넣는다고 해서 행복이 보장되는 건 아니에요. 자신이 부
족한 존재라는 전제에서 벗어날 수 없다면 아무리 시간이 흘
러도 충만하다는 기분을 느끼기 어려울 거예요.

미 알 것 같기도 한데 아직 잘 모르겠어요.

아 간단히 말하면, 행복한 사람은 아무것도 가지고 있지 않아도 굶주리지 않는다는 거죠.

남에게 보여주기 위해 노력하는 것은 무의미하다

미 행복이 뭔지 점점 더 모르겠네요. 어쨌거나 선생님께선 제가 지금 하는 일들이 쓸데없다고 말씀하시는 것 같은데…….

아 자신을 갈고닦는 일들은 쓸데없지 않아요. 다만 그 동기와 목적이 무엇인지가 중요하다는 이야기죠.

미 동기와 목적이요? 점쟁이에게 보여주기 위해서 노력하는 건 안 된다는 거죠?

아 맞아요! 그 부분이 중요해요. 처음에는 '내 행복을 위해' 자신을 갈고 닦을 생각이었던 것이, 점쟁이의 이야기가 머리에 들어온 순간, '내가 틀리지 않았다는 걸 증명하기 위해'로 바뀐 것 말이에요.

미 아, 그런 말씀이시군요. 이제야 좀 납득이 되네요.

아 잘됐군요. 당신은 잘못도 없고, 애초에 부족한 것도 없었다고 생각해요.

미 그런가요? 아마 제가 문제라는 말에 조금 이상해졌었나 봐요. 바보처럼 혼자 흥분해서는……

아 뭐, 그건 그거대로 괜찮아요? 덕분에 자신을 가꾸는 일에 열
중했으니 전보다 더 멋진 여성이 되었겠죠. 지금 충분히 보기
좋아요.

미 이런 걸 전화위복이라고 하는 걸까요?

아 그럴지도 모르죠. 자신이 좋아하는 일을 하거나, 진심으로 즐
거운 일들을 할수록 여성은 빛나게 마련이거든요. 자신을 가
꾸는 동기가 '자신이 할 수 있는 일들을 증명하기 위해서'라면
지금 바로 그만두는 편이 좋아요.

…날마다 최선을 다해서 살고 있는 자신에게 '이것을 손에 넣지 못하면 행복해질 수 없다'는 주문을 거는 건 이제 그만두세요. 그건 매일 '나는 불완전하다'고 평가하는 것에 지나지 않아요. 오래 행복하기 위해서는 소유하기보다는 눈에 보이는 것과 손에 닿는 것들을 사랑할 수 있는 감성을 유지해야 해요. 인생을 자애롭고 충실하게 사는 여성은 눈에 보이지 않는 '좋은 향기'를 풍기게 마련이죠. 그 좋은 향기에 어느새 남자가 줄을 설 거예요. 어떤 경우라도 자신을 인정하고 소중히 여기는 것을 잊지 마세요.

실제 매력의 유무보다 스스로를
매력적이라고 생각하는 것이 핵심

동경해 왔던 사람, 존경하는 사람, 자신과는 다른 차원의 사람인 것 같은 남자를 사랑하게 되었을 때 어떻게 해야 할까? 주제도 모르는 분에 넘치는 사랑은 되도록 빨리 단념하는 것이 현명한 것일까?

Q 사쿠라 | 29세, 광고대행사 근무

회사에서 유망한 부서에 근무하는 인기 많은 선배를 동경하고 있어요. 선배에게 다가가려고 제 나름대로 노력해봤지만, 그 부서에는 화려하고 매력적인 여자들이 워낙 많아서 저 같은 건 눈에 차지도 않을 것 같아요. 그와는 가끔 업무상 접촉할 일이 있지만, 친해진다 한들 그 다음에 실망하거나 속상할 일이 두려워서 가까이 다가갈 수가 없어요. 전 그저 매일 그의 활약을 멀리서 바라보고 있을 뿐이죠. 이 나이에 짝사랑이라니, 좀 우습죠? 과연 이런 사랑에도 미래가 있을까요?

'나 같은 건'이란 말은 지금 당장 머릿속에서 지워라

아이코 선생(이하 '아') 거의 양손 다 놓고 그를 존경하고 있는 상황이네요.

사쿠라 씨(이하 '사') 네. 그는 정말 대단한 사람이에요. 정말 세련된 사람이죠. 선배가 제작에 참여한 광고 중에는 해외 광고제에서 수상한 작품도 있고, TV에 나오는 작품도 많죠. 어쩌다 그 선배와 이야기하고 나면 더 열심히 해야겠다는 기분이 막 샘솟는다니까요!

아 네네, 그럼 당신은 그 선배에게 어떤 영향을 주나요? 어떤 게 있죠? 그에게 가르쳐준 일이라든가.

사 그런 게 있을 리 없잖아요! 항상 무언가 배우고 공부하는 선배에게 저 같은 게 가르치거나 알려줄 건 없어요.

아 겸손은 훌륭한 덕목이지만 '나 같은 게'라는 말은 이제 그만하죠. 그 말 굉장히 별로예요.

사 네? 하지만 정말로 저 같은 건 선배 발끝에도 못 미치는데요.

아 당신은 그 사람보다 한참 아래라고 생각하고 있군요. 회사 입장에서는 그럴지도 모르지만, 연애를 하고 싶다면 적어도 기분만큼은 나란히 해야 해요.

사 기분을 나란히 한다는 게 무슨 말씀이신지 잘 모르겠어요.

아 아래에서 올려다보는 것도, 위에서 내려다보는 것도 아닌 대등한 관계요. 그리고 그에게 당신이 좋아한다는 신호를 보낼 수 없다면 그냥 포기하는 편이 나을 수도 있어요.

사 아, 말씀이 너무 지나치세요!

아 어쩔 수 없잖아요? 사실이 그런 걸! 하지만 당신이 정말 그를 좋아하는 것 같으니까 당신 스스로 좀더 당당해지라는 이야기를 하는 것뿐이에요. 그렇게 저자세로 나가면 절대 그의 관심을 끌 수 없어요!

언제나 조금 높은 이상을 그리며 성장해 나가라

사 하지만 선배 근처에 가면 엄청난 오라가 느껴져서 말도 잘 못하겠어요. 정말 큰 인물이란 생각이 절로 들죠. 제가 뭔가 말한다고 해도 그는 '너 따위가 주제넘게……' 그런 생각을 할 것 같아요.

아 백번 양보해서 그 기분은 이해하지만, 그럴 걱정은 없어요.

사 어째서요?

아 입징에 관계없이 서로에게 영향을 주고받는 것을 꺼리는 사람은 재미없는 사람이에요. 그가 정말로 큰 인물이라면 상대를 가리지 않고 배우려고 할 거예요.

사 그런 식으로는 생각도 못했어요. 모두에게 인정받고 있는 대단한 사람은 저 같은 보통 사람과는 사용하는 언어 자체가 다를 거라고 생각했거든요.

아 얼마나 대단한 사람이건 간에, 자신의 재능을 성장시키려는 노력은 한답니다.

사 아아! 제가 조금 더 반짝반짝 빛나는 사람이라면 좀 더 자신감을 가질 수 있을 텐데……. 선배네 부서엔 다들 반짝반짝하고 일에 대한 열정도, 센스도 뛰어난 여자들뿐이에요. 모두들 너무 멋져서 저와는 비교도 안 되죠.

아 지금 내 말 듣고 있는 거 맞아요? 그녀들이라고 해서 처음부터 반짝반짝 빛나는 다른 차원의 사람들로 태어났을까요?

사 아뇨, 아니겠죠. 분명히 많은 노력을 해왔을 거라고 생각해요. 실제로 그 부서 사람들은 모두들 학구파들이고요.

아 이건 뭐, 인생을 사는 법이 다르다고 하는 수밖에 없네.

사 어째서죠?

아 당신이 동경하고 있는 그 선배는 이상적인 자신의 모습을 잘 그리는 사람일 거예요. 언제나 현실보다 조금 높게 이상을 정해두고, 그것이 현실이 되면 기뻐하겠죠. 그리고 좀 더 자신을 좋아하게 되는 거예요. 이런 사이클이라면 혼자서도 너무너무 즐거울 테니, 나방이든 나비든 별로 아쉽지도 않겠어요.

승자의 시나리오대로 살아라

사 인생을 사는 법이요? 현실보다 조금 높은 이상?

아 자신에게 기대를 거는 거예요. 목표를 세워서 실현하는 것,
스스로의 기대에 부응하는 나를 유지하는 것, 그렇게 살기 위
해 노력하다 보면 분명 달라지죠. 그게 바로 승자가 되는 시
나리오이기도 하니까요.

사 그럼 패자가 되는 시나리오도 있나요?

아 당연하죠. 나는 안 된다고, 가능성을 향한 도전도 하지 않는
사람은 패자가 되겠죠. 아무것도 만들어 낼 수 없는 인생이
되는 거예요.

사 가슴이 쿵 하고 내려앉는 것 같아요.

아 누군가를 존경하거나 동경하는 솔직함은 굉장히 좋은 에너지
라고 생각해요. 다만 그 에너지를 자신에게도 조금 나누어 주
길 바랄 뿐이죠.

사 자신을 믿는 힘 말씀이신가요? 자신감 같은 거요?

아 그래요. 중요한 것은 실제 매력의 유무보다 스스로를 매력적
이라고 생각할 수 있는가 하는 것이에요. 그게 각기 다른 오
라로 나타나거든요.

사 아아, 알겠어요.

아 부정적인 요소라도 다른 관점에서 본다면 긍정적인 의미가 될 수 있어요. 이런 걸 '재구성(Reframing)'이라고 해요. 우선은 재구성을 통해 자신의 매력적인 요소를 찾아보세요.

사 과연 선생님은 다르시네요. 소중한 가르침 잘 기억하고 실천해 나갈게요.

아 그것도 좀 다르게 생각해 볼까요? '아이코 선생님이 무의식중에 나를 도와주고 싶어 하고 있어. 이게 다 나의 인복이야' 하는 식으로, 자신의 매력으로 바꿔 생각하는 것이 요령이에요.

사 정말 얼굴에 철판을 깔아야 하는 거군요! 알겠습니다! 좋은 공부가 되었어요.

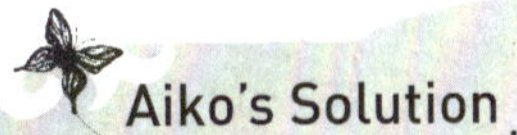

Aiko's Solution

•••멋진 누군가를 동경하고 부러워하고 있다면 '그 사람의 매력
도 원석이었던 시절이 있었다'는 걸 기억하세요. 처음부터 나와는 차
원이 다른 사람이라고 단념하고 포기하면 그만이겠죠. 하지만 원석은
누구나 품고 있답니다. 자신의 원석을 찾아내고 꺼내서 반짝반짝 갈
고 닦으면, 누구나 멋진 오라를 내뿜을 수 있답니다. 그렇게 생각하면
당신의 미지의 가능성에 대해 책임감이 생기지 않나요? 자신을 갈고
닦는 일에 너무 늦었다는 건 없어요. 지금 바로 시작하세요.

나는 사랑받을 가치가 있는 사람이라는
믿음이 연애를 부른다

결혼도 출산도 평범하게 하고 싶은데, 도무지 좋은 인연이 생길 기미가 없다. 초조해하면 할수록 점점 더 늪에 빠져서, 인연이 멀어지는 것 같은 느낌이다. 이런 딜레마를 어떻게 해결하면 좋을까?

Q 미카코 | 31세, 광고제작사 근무

저는 좋은 인연이 생기지 않는 것이 고민이에요. 좋은 인연을 만나게 해준다는 장소도 다 가봤고, 만남 사이트에도 등록했어요. 건강미 있는 여성이 인기라서 필라테스도 하고 등산도 했어요. 하지만 이렇다 할 만남은 아직 없네요. 저는 세 자매 중 둘째인데, 언니는 좋은 사람을 만나 벌써 아이도 있고, 동생도 오랫동안 교제해온 남자친구와 결혼 초읽기에 들어갔어요. 친구들도 둘째 갖기에 여념이 없어서, 솔직히 말씀드리면 좀 초조해요. 아무래도 제겐 인연이 없는 걸까요?

지나친 초조함은 사실을 필요 이상으로 나빠 보이게 한다

미카코 씨(이하 '미') 아! 이제 전 어떻게 하면 좋을까요?

아이코 선생(이하 '아') 뭘 말인가요?

미 결혼 말이에요. 요즘은 뭘 해도 공허해요. 저 결혼은 할 수 있을까요?

아 글쎄요, 어떨까요?

미 앞으로의 일들, 전혀 모르겠어요. 선생님의 직감으로 뭔가 보이신다면 알려주세요.

아 글쎄, 저도 안 보이네요. 하지만 뭐가 보인다고 해도, 그런 무책임한 말은 할 수도 없고요.

미 뭐든지 괜찮아요. 결혼을 위해 지침이 될 수 있는 거라면 더 좋고요.

아 꼭 한 가지 말해야 한다면, 당신은 지금 결혼에 집착해서 너무 초조해한다는 것이에요. 그게 막다른 길에 다다랐다는 느낌을 증폭시키고 있는 것 같군요.

미 초조한 게 당연하죠! 전 이미 서른도 넘었고, 친구들은 하나둘 결혼하고, 아이를 낳고, 앞으로 나아가고 있잖아요. 전 아무 것도 이뤄 놓은 게 없어요.

아 그래요. 당신의 초조함은 충분히 이해하겠어요.

미 저 정말로 여러 가지 다 해봤단 말이에요.

아 그래 보이네요. 그래서 그동안 자신의 좋은 점을 얼마나 발견
했나요?

미 네? 좋은 점이요? 음, 별로…… 찾지 못했어요. 어떤 일에서
도 보람을 느끼지 못했거든요.

아 있잖아요, 기분 나쁘게 듣지 않았으면 좋겠는데, 제가 보기에
당신은 최선을 다해서 자신이 아닌 다른 사람이 되고 싶어 하
는 것 같아요.

미 왜냐하면 언니나 동생, 주변에 잘 살고 있는 친구들은 모두들
취미나 특기인 재주를 가지고 있거든요. 요리를 잘한다거나,
신랑이랑 같은 취미가 있다거나……. 저는 어떤 걸 할 수 있
을지 모르겠어요.

아 그렇다면 애써 건강해지려고도 해봤으니, 맞든 안 맞든 적극
적으로 자신의 좋은 점을 발견해 보도록 하죠.

미 네? 이것저것 다 저랑 안 맞는데요!

아 잘 못하는 것도 매력이 될 수 있죠. 요리가 서툴다면 그 부분
을 무기로 요리를 좋아하는 남자한테 어리광해도 되고, 프로
처럼 될 수 없다고 해도 화제로는 삼을 수 있잖아요? 새로운

일을 시작할 때마다 콤플렉스만 추가하면 안 되죠!

미 그건 그렇지만……. 전 뭔가 새로운 일을 시작할 때마다 제가 싫어지곤 했어요. 난 아무것도 잘하는 게 없는 것 같고, 행운은 언제나 나를 비껴간다고 생각했죠.

아 그래요, 그 사이클! 그게 잘못된 포인트예요. 자신이 싫어졌다고 해서 그 자리에 버려두고 자신이 아닌 사람을 목표로 한다는 건, 두 사람이 서로를 사랑하는 일과는 좀 동떨어진 느낌 아닌가요? 자신을 싫어하는 사람은 다른 사람에게도 사랑받기 힘들죠.

미 썩 내키지는 않지만 맞는 말씀인 것 같기는 하네요.

연애에 목매지 말고 자신에 대한 기대감을 높여라

미 그런데 선생님, 뭘 해도 효과가 없을 땐 정말 우울해요.

아 그거야 그렇죠. 그럼 그 효과를 내기 위한 방법이 적절했는지 검토할 필요가 있겠네요.

미 네? 또 이해할 수 없는 말씀을 하시네요. (눈물)

아 뭔가 새로운 일을 시작했을 때, 즉시 남자친구가 생기거나 프러포즈를 받는 걸 효과로 볼 것인지, 아니면 자신의 모습이 괜찮아 보이는 걸 효과로 볼 것인지 정해보자는 거예요. 효과

라고 한마디로 이야기하더라도 실제로는 여러 가지가 있는
법이죠.

미 아, 그런 말씀이시군요. 저는 남자친구가 생기거나 프러포즈
를 받는 것 같은 극적인 변화를 효과라고 생각하고 있었어요.

아 알겠어요. 그런데 인생을 바꾸고 싶을 때는 장기적인 시점으
로 바라볼 필요가 있어요. 수동식 핸들을 빙글빙글 돌릴 때
주변 풍경이 바뀌는 느낌을 알아요?

미 아뇨? 그게 뭐죠?

아 컴퓨터처럼 클릭만 하는 게 아니라, 손으로 돌리는 핸들 같은
아날로그 방식을 말하는 거예요. 이성에게 인기 있는 시기는
보통 한순간이죠. 그런 시기가 오기를 기다리는 것보다 착실
하게 자신에 대한 기대감을 높이는 편이 신뢰할 수 있는 변화
랍니다. 지금 자신의 모습이 싫다고 손을 놓고 있거나 한두
번 시도해보는 것만으로는 결국 같은 장소를 빙빙 돌고 있는
거나 마찬가지니까요.

미 그게 지금 제 상태로군요. 제 자신의 힘으로 인생을 바꾼다는
건 생각해본 적도 없어요. 새로운 일을 시작하면 그 일을 통
해서 새로운 만남과 정보들이 저절로 다가올 거라고 생각했
거든요.

아 외부의 변화를 받아들일 준비는 되었으니, 이제는 자신의 내

면에 있는 의지의 힘을 조금 더 믿어보도록 하죠. 조금씩이라
도 자신을 더 좋아하게 되는 게 좋은 인연을 부르는 방법이랍
니다.

미 새로운 일을 시작한다면 조금이라도 변한 제 모습 그리고 제
안에서 생기는 '효과'를 소중히 해야겠다는 생각이 드네요.

아 그래요. 그런 생각들이 바로 당신의 매력이 될 거예요.

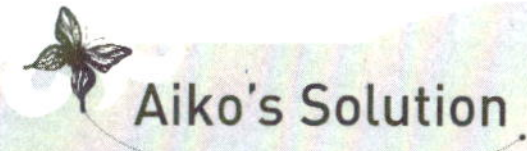

Aiko's Solution

• • • 좋은 만남을 불러오는 가장 쉬운 방법은 자기 자신을 있는 그
대로 좋아하는 것이에요. 스스로를 좋아하지 않는 사람이 다른 사람
의 사랑을 받는 건 정말 어려운 일이랍니다. 스스로를 좋아하지 못하
고 자신감 없이 '어차피 난······'이라고 생각하는 동안, 많은 사랑을 놓
치고 있는 건 아닐까요? 우선은 자신을 향한 호의를 제대로 받아들이
는 사람이 되어보세요. '나는 사랑받을 가치가 있는 사람이다'라는 말
이 가장 어울리겠네요. 이 말을 잊지 마세요.

운명적인 느낌은 당신의 욕망이
당신을 속이는 것

여자들에겐 남자들과는 다른 직감이 있다. 그러나 그 직감을 잘못된 방향으로 남용하면 역효과를 가져오는 경우도 있다. 현실감각이 부족한 연애관은 모처럼 찾아온 만남의 기회를 쓸모없게 만들어버린다.

Q **아야카** | 32세, 이벤트 프로듀서

남녀불문하고 친구가 많은 편이라 남자들과의 만남도 어렵지 않았어요. 하지만 편하게 만나는 친구들은 연애상대로는 부족한 감이 있어요. 전 상대에게 직감적으로 느꼈던 첫인상이 틀렸다는 느낌이 들면 갑자기 흥미가 떨어져버려요. 그래서 연애대상으로 보기 어려운 남자친구들만 자꾸 늘어나서 정작 중요한 연애는 못하고 있답니다. 제 연애감각은 나쁘지 않다고 자부하는데, 애인이 안 생겨서 고민이네요. 언제쯤이면 진정한 파트너를 만날 수 있을지 이제 점점 초조해져요.

기다리기만 하면 백마 탄 왕자님이 나타나긴 할까?

아이코 선생(이하 '아') 근데, 정말로 연애를 하고 싶기는 한가요? 어째서요? 어떤 연애가 하고 싶죠?

아야카 씨(이하 '야') 그렇게 딱 잘라 물어보시니까 대답하기가 어려운데요…….

아 그런가요? 미안해요. 머릿속에 자꾸 물음표가 생겨나서요. 자, 그럼 이야기하고 싶은 부분부터 시작해보세요.

야 남자친구가 있었으면 좋겠어요. 물론 그 사람과 결혼할 수 있다면 더욱 좋겠죠. 그 사람은 저를 가장 사랑해주고요, 그는 아마도 저를 자유롭게 해주는 소울메이트 같은 사람일 거예요. 우리 두 사람은 서로 닮아서 무리하게 참지 않아도 잘 맞을 테고요.

아 그렇군요. 그리고?

야 운명의 상대라면 처음 마주친 그 순간 어떤 느낌이 올 거예요. 전 직감적으로 알 수 있는데, 아직 딱 이 사람이다 싶은 느낌은 없었어요.

아 흠……. 언젠가 만날 수 있다면 정말 좋겠군요.

야 선생님, 그렇게 남의 얘기 하듯 말씀하지 마세요. 조금 더 제 입장에서, 진지하게 생각해주세요.

아 근데 제가 나설 부분이 아닌걸요. 백마 탄 왕자님을 만나게
되면 반드시 어떤 느낌을 받을 테니까, 그때까지 꾸준히 여러
사람을 만나보는 수밖에 없지 않나요?

야 자, 잠깐만요! 저도 이제 서른줄에 들어섰으니, 좀 초조하단
말이에요. 이대로 기다리기만 해도 괜찮을지, 오만가지 생각
이 들어요.

아 참견일지도 모르지만, 일단 한마디 할게요. 아직 만나지 못한
게 아니라, 벌써 만났는데 알아보지 못한 것 같은데요!

운명의 상대가 늘 완성된 모습으로 나타나는 건 아니다

야 아뇨, 그건 아니에요! 제 직감이 그렇게 느낀 적이 아직 없으
니까요.

아 그 느낌인지 뭔지 결국, 완벽한 조건을 갖춘 남성이 어느 날
갑자기 눈앞에 짠하고 나타나고, 당신은 번개를 맞은 것처럼
사랑의 계시를 받는다는 건가요?

야 굳이 말하자면 그런 느낌일 것 같은데요. 왜냐면 결혼한 사람
은 다들 그렇게 이야기하잖아요.

아 그래요, 그런 만남이 있을 수도 있죠. 하지만 연애와 결혼 같
은 현실적인 일을 직감에 지나치게 의존하는 건 도박과 같아

요. 연애도 결혼도 유지하려다 보면 결국 직감을 초월한 현실적인 문제의 연속이니까요.

야 저…… 운명의 상대라는 건 아무 말 하지 않아도 서로에 대해 다 이해하는, 그런 느낌 아닌가요? 신데렐라의 유리구두처럼요. 전 그런 사랑이 좋은데요.

아 '고칠 필요가 없는' 완성된 사랑을 바라는군요.

야 완성된 사랑이라기보다는 일단 그 정도 매력도 없으면 그 사람과 함께하고 싶다는 생각이 들지 않잖아요.

직감은 마주친 그 순간보다 숙성과정에서 느껴지는 것

아 아쉽지만 그렇게 이상적인 이야기는 그다지 많지 않아요. 그렇지만 직감을 사용하는 방법을 좀 더 연구하면 만남의 가능성이 좀 넓어질지도 모르죠.

야 어떤 연구 말씀이신가요?

아 남자를 처음 만난 그 순간에 판단하지 말고, 조금 더 만남을 가져본 뒤에 직감을 발휘하는 것도 괜찮을 것 같은데요? 위기를 잘 빠져나가는 성격이라든가, 그 사람과 함께 있으면 안정된다든가, 좋은 타이밍에 그럴듯한 조언을 해준다든가 하는 것들은 어느 정도 시간을 가지고 관찰하지 않으면 알 수 없는 부분들이잖아요?

야 아, 그렇군요. 그렇게 말씀하시니 이해가 잘 돼요. 결국 제 경
우에는 만난 그 순간에 판단해버리니까 일이 더 어려워진다
는 말씀이네요.

야 말하자면 확률은 낮지만 맞추면 대박, 아니면 쪽박! 어느 쪽
이든 결국 도박인 셈이죠. 이야기를 듣고 있으니 뭐랄까, 운
명의 상대를 만나 생각대로 되는 것, 결국 도박에서 이기겠다
는 집착과 성취감이 당신에게는 중요했다는 생각이 드네요.
따뜻한 인간관계를 만드는 것보다 자극이 필요했다고 해야
할까…….

야 그랬을지도 모르겠어요.

야 그런데 문제는 운명의 상대와 마주쳐도 둘의 관계가 안정적
이 되면, 도박심리가 다시 꿈틀거릴지도 모른다는 거예요. 좀
더 드라마틱하고 좀 더 자극적인 삶을 살고 싶다는 기분은 자
칫 잘못하면 잘 가꿔 나가야 하는 인간관계도 망가뜨리고 말
거예요.

야 설마, 그러면 지금까지 제가 이 사람은 운명의 상대가 아니라
고 확신하고 헤어졌던 건 착각이었을까요? 단순히 새로운 도
박을 맛보고 싶다는 집착 때문에요? 아, 이런 바보 같은 짓을
하다니!

아 그런 가정도 세울 수 있겠죠. 이건 제 개인적인 의견인데, 직감이 아무리 'YES'라고 해도, 현실적인 문제 전부를 해결해주는 건 아니에요. 그건 아무래도 스스로가 차분하게 방향을 잡아 나가야죠.

Aiko's Solution

• • • 운명, 전생의 인연, 특별히 내게 딱 맞는 느낌, 이런 것들을 기다리나요? 물론 연애에 있어 두 사람의 일체감은 모두가 꿈꾸는 매력적인 요소죠. 하지만 그 일체감은 자신의 욕망이 만들어낸 억측에 불과한 경우가 많아요. 아무리 사랑한다 해도 그 사람과 나는 각기 다른 개체인 거죠. 이상적으로 완전하게 일치하는 만남과 궁합에 지나치게 집착하는 건 있지도 않은 보물을 찾아다니는 것과 같으니 주의가 필요합니다. 행복의 파랑새는 언제나 당신의 마음속에 있다는 걸 기억하세요.

type 7 망상 가득한 소녀적 연애

한쪽으로 치우진 위험한 사랑

항상 솔직해서 주변의 신뢰를 받는 당신. 하지만 자기주장이 너무 강하거나 다른 사람들의 이야기를 잘 듣지 않는 경향이 엿보인다. 자신은 다른 사람과 다르다는 의식을 갖는 것만으로도 연애의 질이 확실히 달라질 것이다.

지나친 배려와 노력이
상대의 자유의사를 짓밟을 수도 있다

비서 생활 12년째, 배려심도 깊은데다 외모도 빼어난 편이다. 호감도를
높이는 것은 직업상 어려운 일도 아니련만 왠지 연애는 잘 풀리지 않는
다. 인상은 좋지만 마음은 썩 편치 않은 것이 문제라고?

Q **카오리** | 35세, 대기업 임원 비서실 근무

직업상, 대인관계에서 나쁜 인상을 줄 리가 없는데 인생의 동반
자는 만나기 어려워서 고민입니다. 저도 슬슬 결혼을 위해서 적
극적인 만남을 가져야 할 때가 된 것 같아요. 그런데 사람을 소
개받아도 처음 한두 번은 괜찮은데, 몇 번 만나고 나면 소식이
끊어지기 일쑤입니다. 친구들과 상사들은 "용모와 인상에는 문
제가 없는데, 뭔가 하나 아쉬운 느낌이 든단 말이야"라고 하는
데, 전 도대체 뭐가 문제인지 모르겠어요. 그러니 무엇을 어떻
게 고쳐야 할지도 모를 수밖에요.

상대가 'NO'라고 말할 수 있는 기회를 빼앗지 마라

카오리 씨(이하 '카') 저에게 문제가 있는 걸까요? 전화를 하거나 메시지를 보낼 때도 실례가 되지 않도록 주의를 기울였고, 상대의 좋은 점을 적극적으로 찾아서 칭찬했어요.

아이코 선생(이하 '아') 그 외에 어떤 부분에 신경 썼나요?

카 좋아하는 연예인 타입을 알아내서 그와 비슷한 느낌의 헤어스타일을 연출하고 화장이나 옷도 연구했어요. 음식점이나 영화 예약도 제가 했고요.

아 그리고요?

카 음. 그리고 불쾌한 기분이 들게 했을 땐 바로 미안하다고 사과하고 오해를 풀도록 최선을 다했죠. 경우에 따라선 진심을 담아서 선물을 전하기도 했고요.

아 기분 나쁘게 들릴 수도 있겠지만, 지나치게 잘해준 것 같네요.

카 네? 하지만 비서 입장에서 보면 당연한 일들뿐인걸요.

아 그건 그거고요. 자상하고 빈틈없는 배려로 상대가 불쾌한 기분이 들지 않도록 하는 것이 당신이 하는 업무의 기본이겠죠.

카 물론이에요.

아 그런데, 사람은 쾌감과 불쾌감, 양쪽의 감정이 있는 게 보통

이죠. 특히 연애에 있어서 그중 한쪽의 감정을 의도적으로 느

끼지 않게 하는 건 뭔가 부자연스럽죠.

카 말씀하시는 의미를 잘 모르겠어요.

아 결국 상대는 'NO'라고 말할 자유를 박탈당하는 거죠.

카 하지만 조금만 배려하면 그런 부분은 피할 수 있잖아요. 나쁜

인상을 주면 제가 싫어져 상대는 도망가고 싶을 텐데……. 제

가 너무 앞서 나가고 있는 건가요?

아 자, 물어볼게요. 그렇게 배려하고 마음을 써도 좋아해주지 않

는다면 어떻게 되나요?

카 답이 없는 건 더 싫으니까, 답을 들을 수 있게 더 노력하겠죠.

아 아…… 당신에게 독재자 기질이 있다는 건 알고 있어요?

카 어째서요? 그런 얘긴 처음 들어요.

아 왜냐면, 상대가 싫다고 느끼는 건 그의 자유예요. 그런데 당

신이 그걸 우격다짐으로 뒤집으려 하는 거잖아요? 좀 이상하

잖아요. 입장을 바꿔놓고 생각해보세요.

매순간 자상한 배려가 최선은 아니다

카 우격다짐이라니……! 제가 지금까지 그래온 건가요?

아 그렇죠. 그게 아니면 그가 싫다고 말할 수 있게 해주면 돼요.

카 아! 지금 그 말씀은 정말 참기 힘들어요.(울음)

아 자, 시험 삼아 물어보죠. 어떤 가게에서 이렇게 말해요. "우리
는 최선을 다해 상품을 만들었으니, 손님들이 좋아하지 않을
리가 없어요. 하지만 만에 하나 마음에 들지 않더라도 반품은
일절 사절합니다." 자, 이런 가게, 어때요?

카 고압적이네요.

아 그럼 하나 더요. "좋은 상품이니까 구입하세요. 부탁드려요!
사주신다면 요것도 덤으로 드리죠. 허리도 90도로 숙이고,
발도 핥아드려요. 그러니까 반품은 하지 마시길 제발 부탁드
려요." 이런 가게는요?

카 그건 너무 비굴하죠.

아 당신을 가게에 비유한다면, 양쪽 모두에 해당해요.

카 설마요! 전 그런 짓까지는 한 적이 없어요!

아 했는지 아닌지가 문제가 아니라, 그가 그렇게 받아들일 수도
있다는 거예요. 실제로 상대와 갑자기 연락이 끊어지잖아요.
이럴 때는 여러 가지 가능성을 열어두고 생각해야 해요.

카 선생님, 어지러워요. 지금까지 믿어왔던 것들이 모두 틀린 일
이었다니……

아 비서 업무에서는 자상한 배려가 필수사항이겠지만, 그 룰은
상대도 비즈니스 모드이기 때문에 통용되는 거예요. 근무 중

이 아닌 때도 항상 최상급의 배려를 받는다면 당연히 부담을
느낄 수 있답니다.

카 그럴까요? 상대가 휴식 모드일 때, 편안히 쉬고 싶을 때라
면……. 네, 그래요. 지쳐버릴 수도 있겠네요.

'불쾌신호'는 상대를 이해하기 위한 정보로 활용하라

아 괜찮아요. 잘 해보려고 했던 일들이 도움이 되지 않았다, 그
것뿐이니까.

카 급소를 콕 찌르시네요. 카운슬러들은 좀 더 친절하고 다정할
거라고 생각했는데 제가 잘못 생각했군요.

아 미안해요. 상처 줄 생각은 아니에요. 그냥 전 언제나 솔직할
뿐이죠.

카 제가 잘 쫓아가질 못하겠어요. 아, 뭔가 조금 알 것 같기도 한
데 아직은…….

아 무슨 말인가요?

카 지금 말이에요. 'NO'라고 이야기할 수 있는 여지…….

아 네, 계속해 보세요.

카 선생님이 어떤 얘기를 하시고 제가 거기에 반박을 하면서 계
속 새로운 대화가 이어지고 있어요.

아 그러네요! 계속 거절만 당하면 괴롭긴 하지만, 돌아보면 그
  사람이 어떤 부분을 싫어하는지 상대를 이해할 수 있는 계기
  가 되죠.

카 역시! 저도 이제 알 것 같아요. 저도 할 수 있을까요?

아 상대가 받아주는 것을 목표로 하지 않고 서로가 서로를 이해
  하는 걸 목표로 한다면 상대가 'NO'라고 거절하더라도 받아
  들일 수 있을 거예요.

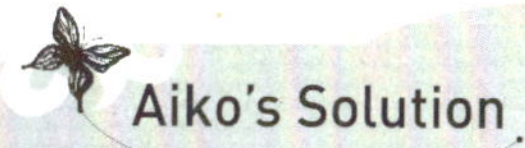

Aiko's Solution

···사람은 거부권의 행사를 제한당하면 자유롭지 못하다는 것을
피부로 느끼게 됩니다. 'NO!'라고 거절하더라도 당신의 존재 자체를
부정하는 건 아니에요. 상대를 불쾌하게 하면 두 사람의 관계가 끝나
는 게 아니라 오히려 새로운 인간관계가 시작되는 것이라고 생각해
보세요. 상대가 불쾌하게 느끼는 포인트와 배경을 차근차근 이해하는
것이 중요하죠. 그렇게 하면 신기하게도 상대는 당신을 중요한 사람
으로 여기기 시작할 거예요. 꼭 한번 시험해 보세요.

질투는 사용하기에 따라
사랑의 묘약이 되기도 한다

질투로 상처받고 눈물 흘리는 것은 쓸데없이 에너지를 낭비하는 일이다.
질투와 독점욕은 이치와 논리로는 설명하기 어렵지만 내 몸이 다 타서
재가 될 때까지 없어지지 않는다. 질투의 불길을 다스릴 수는 없을까?

Q **리츠코** | 34세, 광고영업 매니저

만난 지 1년이 되어가는 연하의 남자친구는 같은 회사에서 다른
매체의 영업직으로 근무하고 있어요. 그의 직속 상사는 저와 동
년배의 여자인데, 실은 이 부분이 고민의 발단이 되었어요. 그
여자상사는 그가 영업을 나갈 때 자주 같이 움직이는 것 같아요.
점심을 함께 먹거나, 접대하는 자리에 동석하거나, 혹은 출장을
같이 가는 일도 적지 않죠. 편하게 생각할 수 있다면 좋을 텐데,
사내 불륜도 많은 분위기여서 두 사람 사이에 무슨 일이 있는 건
아닌지 자꾸 의심하게 돼요.

제삼자의 비판에 심각하게 반응하지 마라

아이코 선생(이하 '아') 그러니까 결국, 질투에 얽힌 고민이군요.

리츠코 씨(이하 '리') 그렇죠. 지금 같이 사는 여동생에게도 자주 상담
하는데, 동생이 "한참 좋을 때 질투라니? 그런 소
리 마!"라고 단호하게 대꾸하니, 하소연도 제대로
할 수 없어요. 질투나 하는 30대 여자는 그렇게
보기 싫은가요?

아 그런 이야기가 아니겠죠. 질투 정도는 누구나 하게 마련이니
까요.

리 여동생은 서글서글하고 시원한 성격이라 그런지, 질투에 있
어선 신랄할 정도로 비판적이에요. 제가 여동생에게 남자친
구 상사 이야기를 꺼내면 "언니, 또 그 얘기야?"라면서 듣기
도 싫어하죠. 질투라는 감정이 그렇게 좋지 않은 걸까요?

아 여러 경우가 있겠죠. 본인이 질투하고 있다는 걸 인정하고 싶
지 않은 사람은 질투를 꺼려하고 싫어하거나 질투하는 사람
을 비판할 수 있어요. 또 질투를 했거나 받았던 경험으로 인
해 좋지 않은 기억을 가지고 있을 수도 있고요.

리 그런 걸까요?

아 네. 질투가 나쁜 감정이라고 해서 마음속에서 지워버리면 본

인이야 편안하겠죠. 질투심에 혐오감을 가지는 건 개인의 문
제니까요. 그건 당신 탓이 아니에요.

리 그렇군요. 그런데 전 정면으로 제 감정 전체를 부정당할 때마
다 상처를 입곤 했어요.

아 모든 이야기를 감정적으로 하는 사람은 개인적인 경험을 오
버랩해서 반응하는 경우가 있죠. 비판은 그냥저냥 듣고 흘려
버리면 돼요.

 ## 질투의 원인은 나에게 있는가, 상대에게 있는가

리 질투는 그다지 나쁜 게 아닌 거네요? 그럼 선생님께선 질투
를 받으면 짜증나고 귀찮은 쪽이세요?

아 글쎄요? 사람에 따라 다를 것 같네요.

리 그건 무슨 말씀이세요?

아 그가 질투 섞인 이야기를 한다면 "그건 괴롭겠네"라고 공감
이야 하겠지만 크게 신경 쓰진 않을 거예요. 하지만 "질투하
지 않도록 신경 쓸게"라든가 "질투 해주니 기쁘다"는 이야기
를 듣는다면 조용히 거리를 둘 것 같아요.

리 네? 왜 그런 반응을……? 뭔가 다른 느낌이 들어요.

아 통제를 느끼는지 아닌지, 문제를 그 자신이 떠맡는지 아닌지

가 중요하죠.

리 그게 무슨 말씀이신지…….

아 간단히 말하자면, "질투가 나서 힘들어 죽겠어"라고 말하는
타입의 사람은 힘든 것이 자신의 문제라고 인식하고 있는 거
예요. "질투하게 하지 마"라고 화내는 타입의 사람은 자신이
힘든 것을 다른 사람에게 책임을 전가하고 있는 거고요. 그
차이는 제법 커요.

리 그렇군요. 조금 알 것 같아요. 말로 할 수 없었지만 전 항상
'내가 이렇게 힘들다는 걸 알아줘, 어떻게든 해줘' 하고 그에
게 한 맺힌 것 같은 기분이 들었어요. 이게 짜증나고 귀찮은
거군요.

질투와 공존하는 요령은 질투와 싸우지 않는 것

리 전 어째서 이렇게 질투에서 벗어나지 못하는 걸까요?

아 여러 가지 이유가 있는데, 자신감이 없어서 그런 경우도 있
죠. 그를 자신의 소유물이라고 생각하고 있다거나, 연인이라
면 자신을 만족시켜줘야 한다고 생각한다거나, 망상을 현실
로 바꾸려니 벽을 느끼는 경우도 있죠. 자, 이중 어떤 건가요?

리 너무 직접적으로 물어보시니 듣고 있기 힘드네요.

아 너무 괴로워하는 것 같아서 그랬죠. 빨리 인정해버리면 좀 편
   해질까 하고요.

리 전부 뭐가 뭔지 모르겠어요. 어지러워요.

아 질투 자체는 그다지 나쁜 감정이 아닐지 모르지만, 질투심으
   로 인해 모든 정보를 필터링하기 시작하는 건 곤란해요. 겨우
   좋아하는 사람을 만났는데 그 사람이 미워지거나, 관련이 없
   는 사람을 의심하게 되어 자신의 마음이 괴로워지는 건 당장
   그만둬야죠.

리 그게 쉽지가 않아요. 저야말로 질투에서 벗어날 수만 있다면
   무슨 일이든 할 거예요. 저, 정말로 강해지고 싶다구요!

아 안간힘을 쓰고 있군요. 실은, 질투와 공존하는 요령은 질투와
   싸우지 않는 거랍니다. 질투심과 잘 타협해서 '질투 받고 말
   거야' 정도의 기술을 몸에 익히면 돼요.

리 '질투 받고 말 거야'? 그게 뭐예요?

아 질투를 한다는 건 상대가 자신에게 있어서 특별한 존재라는
   이야기잖아요. 도를 넘지만 않는다면 '질투날 것 같다'는 건
   자신이 얼마나 상대방을 소중히 생각하고 있는가를 전하는
   도구가 될 수도 있지 않을까요? 질투가 사랑의 묘약이 될 수
   도 있다는 거죠. 뭐, 말하자면 '질투놀이' 정도가 되겠네요.

리 질투놀이……. 그럴 리가 없어요. 절대요! 지금 저는 입만 열면

불안한 이야기밖에 쏟아낼 수 없어서 너무 지쳤단 말이에요.

아 그렇다는 것만 자각하고 있으면 괜찮아요. 우선은 OK! 그 다음, 효과적으로 질투 받는 기술을 익히면 되는 거니까요.

리 오늘 이야기가 너무 깊게 들어간 건 아닌가 모르겠네요. 어쨌거나 질투놀이를 마스터할 때까지 최선을 다해볼게요.

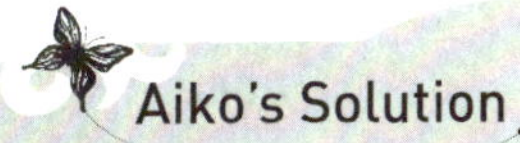

Aiko's Solution

• • • 모든 일을 '좋다'와 '나쁘다' 중 한 가지로만 판단할 수 있다면 하루하루가 편하겠죠. 그런데 어른이 되면 될수록 교과서만으로는 대처할 수 없는 일들이 빈번히 일어나죠. 게다가 어느 한쪽으로 단정 지을 수 없는 일들과 마주하게 되는 건 당신의 정신적 수용범위를 넓힐 수 있는 계기도 되니까 너무 비관적으로만 생각하지는 마세요. 천천히 고민해 보면서 정답이 없는 내일로 한걸음씩 내딛는 거죠. 그렇게 자신의 길잡이가 되어주는 '고민의 힘'은 성숙한 여자에게 요구되는 자질 중의 하나랍니다.

망상의 포로가 되면 행복은
도망가 버리고 만다

연인에게 의심을 품게 되어 아무것도 할 수 없는 당신. 아무 말도 안 하는 타입, 몰아세우는 타입, 냉정하게 이야기하는 타입 등 어느 쪽인가? 용기를 내서 사실에 다가가면 두 사람의 관계는 어떻게 변하게 될까?

Q 마사코 | 32세, 출판사 근무

이제 3개월 정도 만난 남자친구가 있는데, 그의 행동이 좀 의심스럽습니다. 처음엔 멋진 사람이라고 생각했고, 세련된 데이트를 하면서 즐거웠는데, 최근에 의심스러운 부분이 생겼어요. 데이트는 언제나 평일 밤에만, 그가 집에 있을 때 전화를 하면 왠지 툴툴거립니다. 생각할수록 유부남일지도 모른다는 생각이 들어요. 하도 신경이 쓰여서 슬쩍 물어본 적이 있는데 "무슨 소리야!" 하며 흘려버리더라고요. 다시 묻기도 힘들어서 입 다물고 있긴 한데, 불신감이 점점 깊어지고 있어요.

의심은 자신의 마음을 지키기 위해 태어나는 것

마사코 씨(이하 '마') 선생님, 어떻게 생각하세요?

아이코 선생(이하 '아') '어떻게'라니요? 전 탐정이 아니니까 잘 모르죠.

마 그래도 경험이 많으니까 잘 아시잖아요. "그런 경우는 검은색이죠!"라든가…….

아 그래요? 그럼 난 '하얀색'이라고 생각해요.

마 하지만, 선생님! 우편물은 항상 회사에서 받는 것 같고요, 혼자 사는 것 같은데 절 자기 집에 데려가려고도 하지 않아요.

아 그렇군요. 당신은 '검은색'이라 할 만한 확증을 가지고 있다는 거네요. 뭔가 결정적인 일이라도 있었나요?

마 사실은 얼마 전 그의 생일날, 시내에 호텔을 예약했었거든요. 모처럼 좋은 호텔을 잡았는데 "아직 일이 남아 있다"면서 굳이 한밤중에 가버렸어요.

아 어머, 아쉬워라! 그래서 당신은 어떻게 했나요?

마 그는 "당신은 아침까지 있어도 괜찮잖아"라고 이야기했지만, 장난하는 것도 아니고, 이게 뭔가 싶어서 같이 나왔죠. 그 다음 날이 마침 토요일이었으니 푹 쉴 수 있었는데 말이에요. 마치 러브호텔에서 '잠깐 쉬다' 나온 것 같아서 체크아웃 할 때 제가 얼마나 창피했는지 모르실 거예요.

아 그런 건 여자의 마음에 상처가 되는 법이죠.

마 그쵸? 앞으로도 이런 일이 계속될지도 모른다는 생각에 침울
해져서 그만…….

아 그래서, 정말 그가 유부남이라면 어떻게 할 생각이죠?

마 네?

아 유부남인지 아닌지 알게 되는 건 시간문제니까요. 그 사실을
확인한 다음에 어떻게 할 건지는 생각해 봤어요?

마 아뇨, 아직 거기까지는 생각 못했어요.

 믿을 수 있게 해달라고 보채는 것은 무의미하다

마 전 그냥 그를 믿고 싶을 뿐이에요. 그가 믿을 수 없는 행동만
하지 않는다면 좋겠어요.

아 그건 좀 다르다고 생각하는데요?

마 네? 뭐가요?

아 "그가 믿을 수 없는 행동만 하지 않는다면" 그 부분이요.

마 하지만 그가 자꾸 의심스러운 행동을 하니까 제가 괴로워지
는 거잖아요!

아 그가 믿게끔 하지 않아서 불행하다는 이야기인가요? 당신은
그가 당신을 행복하게 해줘야만 한다고 생각하고 있네요.

마 …….

아 행복하게 해줄 것 같은 사람이라서 기대했는데, 아무래도 사
정이 여의치 않은 거죠. 그런데 당신은 그 사실을 받아들일
수 없는 거죠.

마 전 그다지……. 그가 진실을 말해주기만 한다면 그걸로 괜찮
아요.

아 음, 같은 이야기로 돌아왔네요. 그가 진실을 말하고 있는지
아닌지는 누가 판단해줄지 모르겠는데…….

마 선생님, 너무하세요. (울음)

위화감을 느낄 때가 인간관계의 전환 포인트

아 지금 움직여야 하는 건 그가 아니라 당신일지도 몰라요. 그가
말하는 것을 믿고 함께 앞으로 나아갈지, 여기에서 그만둘지,
바로 지금이 결단의 시기 아닐까요?

마 그렇게 간단하게 말씀하지 마세요!

아 속았다고 생각하고, 그 사람한테 생각했던 그대로를 이야기
해봐요. 신경 쓰였던 일들, 상처받았던 일들, 믿고 싶은데 그
럴 수 없어서 괴로웠던 일들까지 전부요.

마 그럴 순 없어요. 그러면 절 귀찮은 여자라고 생각할 거예요.

아 잠깐만요! 당신이 불안과 불신을 드러내는 건 그에게 있어서
는 자신의 모습을 객관적으로 보게 만드는 절호의 기회인 셈
이에요. 그 기회를 살릴 수 없는 남자라면 애초에 상대하지
않으면 된다고요!

마 선생님, 상당히 어려운 말씀을 하시네요.

아 불신을 표명한다는 게 반드시 부정적인 것만은 아니에요. 위
화감을 벗어던지는 그 시점부터 다시 커뮤니케이션이 시작되
는 법이니까요. 계속 마음에 담아두고 있으면 망상의 포로가
되어 행복도 도망가고 말 거예요.

마 아, 선생님! 뭔가 알 것 같기도 해요. 전 제가 그에게 소중한
사람인지 아닌지를 확인하는 게 두려웠던 것 같아요.

아 그 이야기도 함께 전하는 것이 좋겠네요. 어떤 사정이 있는지
는 잘 모르지만, 그가 툴툴대면 당신이 이렇게 불안해진다는
걸 분명히 그는 모를 거예요.

마 그럴 거라고 생각해요. 역시 그는 유부남인 걸까요. 확인하자
니 아무래도 무서워요…….

아 지금부터 함께 지낼 파트너가 되기 위해서니까, 피하지 않는
게 현명해요. 두 사람이 풀어야 할 첫 번째 과제라고 생각하
면 어떨까요?

마 아, 두 사람이 함께 풀어야 할 과제라고 생각하니 기분이 좀

달라지네요. 제 기분을 알아주기만 하는 걸로는 안 된다는 말
씀이시군요.

아 만약 그가 유부남이라는 걸 알게 된다면 그건 그때 다시 생각
해도 돼요. 혹시 전혀 다른 문제가 있었던 거라면……. 그래
요, 그것도 그때 다시 생각하기로 하죠. 마음을 편하게 먹고
한번 부딪쳐보자고요!

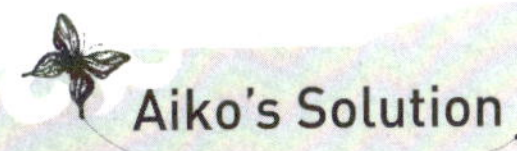

Aiko's Solution

• • •"언제나 나만 바라봐줘!", "나를 안심시켜줘!" 상대에게 무의식
중에 요구하기 쉬운 것들이죠. 연애 초기에는 특히 서로의 머릿속에
상대를 이상화시켜 '연인'이라는 '망상'이 관계를 지배하게 마련이에
요. 이상적인 연인과 현실의 연인과의 차이를 느끼게 되면 배신감을
느끼는 경우도 있죠. 실은 그런 때야말로 서로의 현실의 모습을 확인
할 수 있는 기회랍니다. 이상과 현실의 차이가 불러오는 작은 위화감
을 계속 무시하면, 언제까지나 현실의 모습을 보지 못하고 그대로 끝
나버릴 수도 있으니 주의하세요.

사랑의 수명을 좌우하는
생산적인 사랑 vs. 소비적인 사랑

연애의 두근거림이 여성을 아름답게 한다는 것은 이미 누구나 알고 있는
이야기. 기분의 고양, 여성호르몬의 활성화, 언뜻 보기엔 좋기만 할 것
같지만……. 그 두근거림이 사랑의 수명을 단축할지도 모른다는 사실!

Q 마도카 | 29세, 대기업 비서실 근무

최근에 딱 제 타입의 남자를 만나게 되었어요. 그분 때문에 살
도 빼고, 머리끝부터 발끝까지 열심히 꾸미면서 완벽한 모습을
보이려고 노력하고 있어요. 그도 신경 써서 멋있는 바와 레스토
랑을 예약해서 데려가고, 마치 영화 같은 날들을 만끽하고 있죠.
그런데 그와 데이트를 하고 난 다음 며칠은 완전히 기운이 빠져
서 아무것도 못하겠어요. 화장도 안 하고, 회사 책상이나 집안
도 엉망진창으로 방치해두죠. 매일 같은 옷을 입고 다닐 정도니
말 다 했죠. 이런 극과 극의 생활, 문제 있나요?

아이코 선생(이하 '아') 음, 가벼운 에너지 소진 증상이네요.

마도카 씨(이하 '마') 네……? 무슨 말씀이세요?

아 일정시간 과도한 스트레스를 받거나, 무언가에 몰두하거나, 헌신적으로 노력한 사람에게 일어나기 쉬운 의욕 저하와 정신적 황폐화를 말해요. 간호나 의료현장 또는 경쟁이 심한 스포츠 세계에서는 자주 있는 현상이죠.

마 좀 어렵지만, 알 것도 같아요. 그런데 그게 저의 상태와 무슨 상관이 있나요?

아 어머, 마찬가지잖아요! 그와 만나는 날까지 마치 미스 유니버스 대회라도 나가는 것처럼 집중력과 긴장감을 가지고 매력지수를 높이고 있잖아요! 한 번의 데이트를 위해서 보름 정도의 에너지를 가볍게 쓰고 있는 것 같은데? 안 그래요?

마 네, 맞아요. 실은 에너지만이 아니라 월급도 그렇게 쓰고 있어요.

아 월급'도'라니? 혹시 데이트 비용을 당신이 부담하고 있나요?

마 아뇨, 그런 건 아니고요. 데이트 전에 투자비용이 많이 든다고요. 미용실이랑 네일샵도 가야 하고, 지난번 데이트와 옷이 겹치지 않도록 새 옷도 사고요. 다음 보너스가 나오는 것까지 계산해서 이미 다 써버렸어요.

아 어머, 그와의 데이트에 인생 전부를 쏟아 붓고 있는 것 같은 느낌이네요.

마 최근에는 평일 밤에 데이트를 하려고, 반휴까지 써서 준비한 적이 있어요. 그리고 데이트 다음날엔 컨디션이 안 좋으니 일도 제대로 못해서 주변의 빈축을 사고요.

아 우선 미안하다는 말 먼저 하고 말씀드릴게요. 그 사랑…… 수명이 짧을 것 같네요.

 ## 모든 것을 소진하는 연애는 수명이 짧다

마 갑자기 무슨 그런 심한 말씀을? 이 사랑은 이제 겨우 시작인 걸요!

아 어머, 제가 실언했네요. 진실을 너무 빨리 얘기해버렸네!

마 선생님!!

아 자, 이 생활을 앞으로 3개월 정도 더 지속한다고 하면 당신의 생활이 어떻게 될 거라고 생각하세요?

마 아, 아픈 질문이네요. 난 이래서 카운슬링이 싫어.

아 싫어해도 괜찮아요. 자, 생각할 시간이에요!

마 음, 3개월 후에는……. 분명 회사에서는 신뢰도가 떨어져 있겠죠. 그리고 그때쯤엔 카드 대금도 청구될 거고요.

아 음, 봐요! 역시 그 연애는 수명이 짧은 게 맞아요.

마 싫어요! 안돼요!! 어째서요?

아 한꺼번에 다 소모하니까 그렇죠. 인간은 계속 달릴 수가 없으니까, 어느 한쪽이 지쳐서 발을 멈추면 그걸로 관계가 끝날 가능성이 있다는 거예요.

마 그 말씀은 그 사람도 벌써 지쳐가고 있을지도 모른다는 말씀이신가요?

아 뭐, 그럴 가능성도 배제할 수는 없다는 거죠.

결혼을 생각한다면 에코러브(ECO LOVE)를 목표로 하라

마 불안하네요.

아 뭐가 말이죠?

마 그도 데이트 후엔 항상 잠이 부족하다고 말했거든요. 저도 모처럼 한껏 치장을 했으니까 제가 집에 가고 싶어질 때까지 함께해줬어요. 그렇게 시간이 늦어지면 집에 갈 때는 장거리 택시를 타야 하니까, 아마 그 사람도 부담스러웠을 거예요.

아 결혼에 골인하기 전에 두 사람의 통장이 바닥나든지, 체력이 바닥나든지 둘 중에 하나겠네요.

마 정말 이런 건 안 되겠네요. 전 반짝반짝 빛나고 두근두근한 게 연애라고 생각해 왔기 때문에 앞으로의 일들은 고민하지도 않았어요. (울음)

아 그럼 먼저, 생산하는 일로 의식을 전환해 보면 어때요?

마 생산한다니요? 뭘요? 어떻게요?

아 돈도, 시간도, 건강도, 작은 배려로 다시 태어날 수 있어요. 자신을 소모하기만 하면 그게 돌고 돌아서 다른 사람의 돈과 시간, 건강까지 빼앗고 말죠.

마 소비 대신 생산, 그게 포인트군요.

아 두 사람의 관계가 '무언가를 생산하는 사이클'로 변하게 되면 돈, 시간, 건강까지 여유로워질 거예요. 그러면 마음 편하게 오랜 시간, 좋은 관계를 유지할 수 있지 않을까요?

마 그 말씀 참 좋네요. 너무 좋아요! 뭔가 경제적인 사랑 같아요. 좀 더 빨리 알려주셨으면 좋았을 텐데…….

아 멋진 여성이라면 후회하지 말 것. 모든 것은 필연이에요. 과거의 자신이 있었기 때문에 오늘의 내가 있을 수 있었다고 생각하면 무엇에든 감사할 수 있는 기분이 되지 않겠어요?

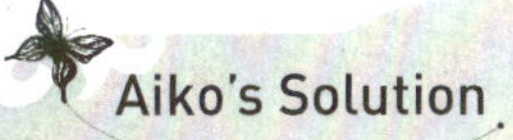

• • • 돈과 시간, 체력에는 한계가 있게 마련입니다. 이제 막 사랑을 시작해서 아무것도 눈에 보이지 않을 땐 누구라도 생명을 태워 반짝반짝 빛이 나게 마련이죠. 그러니 사랑의 수명을 최대한 길게 연장하기 위해서는 돈과 시간, 체력을 현명하게 소비해야 해요. 한계가 있는 것의 수명을 얼마나 오래 지킬 수 있는가, 다른 어떤 것들을 얼마나 만들어 낼 수 있는가, 얼마나 공유할 것인가 하는 고민이 생긴다면 그것을 사랑이라고 불러도 되는 것 아닐까요? 당신은 지금 사랑을 하고 있나요? 사랑을 생산하고 있나요, 아니면 단지 소비하고 있나요?

type 8 걱정 과잉형 연애

하루 종일 걱정에서 벗어날 수 없어!

상상력이 뛰어나 이리저리 마음을 잘 쓰는 당신. 하지만 그만큼 쓸데없는 걱정도 많다. 한정된 인생을 유용하게 사용하려면 가끔 자신의 틀 안에서 생각하는 것을 멈추고, 상대와 정면으로 마주하는 것도 필요하다.

서로의 차이는 말하지 않으면
절대 알 수 없다

아무리 친밀한 상대라 하더라도 적절한 때 말로써 속마음을 공유해야 한다. 표현하지 못한 '상대에 대한 기대'가 크게 낙담하는 원인이 될 수도 있기 때문이다. 고단한 일상에 지쳐 있다면 두 사람의 관계를 점검해보자.

Q 하루 | 28세, 간호사

동거한 지 1년이 되어가는 남자친구가 있는데, 그는 밤 근무를 해야만 하는 저와의 공동생활에 비협조적이에요. 제가 없는 날에 세탁이나 청소 같은 집안일을 좀 해주면 좋을 텐데, 친구들과 술을 마시러 간다든가 PC방 같은 델 가요. 결국 아무것도 해놓지 않았으니 밤새 일하느라 지친 제가 돌아와서 집안일을 하곤 하죠. 이런 생활이 너무 힘드네요. 그래서 다음에 남자친구가 출장 갔을 때 몰래 짐을 싸서 집을 나가버릴까 생각하고 있어요. 제 계획, 어떠세요?

당신을 자극하는 '답답함=불쾌감'의 정체를 밝혀라

아이코 선생(이하 '아') 어머, 벌써 결정하셨네요!

하루 씨(이하 '하') 네. 이 방법밖에 없는 것 같아서요.

아 자, 그럼 그렇게 해버리고 끝내요. 그 야반도주 실행 예정일은 언제예요?

하 잠깐만요! 야반도주라고 하시니 듣기가 좀 거북한데요!

아 실언, 실언! 말실수예요! 아무래도 이야기 정도는 들어줘야겠지요? 자, 말씀해보세요.

하 그를 이해할 수가 없어요. 와이셔츠를 전부 세탁소에 맡겨서 다음날 입고 출근할 옷이 없는 걸 뻔히 알면서, 게다가 제가 밤 근무라는 걸 알고 있으면서……. 자기가 세탁소 좀 갔다 오면 되잖아요. 그런데 그걸 안 가요. 그리곤 결국 입었던 옷을 다시 입고 나가요. 지저분하게!

아 어머, 대범하고 시원스럽네! 그걸 당신 탓으로 돌리거나 마치 보란 듯이 짜증을 내는 것도 아니잖아요?

하 그건 그렇지만요. 하지만 아무튼 뭔가 저랑 좀 안 맞아요.

아 그러니까, 전 안 말려요. 그 야반도주 말예요.

하 그래요, 알겠어요. 그건 그렇지만 뭔가 심각하게 답답한 기분이 들어요.

아 야반도주를 계획한 것도, 실행하지 못하는 것도 분명 그 '답
　　답한 기분'이 원인이겠네요.

하 그럴지도 모르겠어요. 제가 이렇게 고민하고 있는데 그는 왜
　　아무렇지 않죠? 납득할 수가 없어요.

모든 사람은 각자의 사회적 틀 안에서 살고 있다

아 이대로 조용히 지나가도 그 기분은 없어지지 않을 거예요. 어
　　떤 기분을 그가 알아줬으면 하나요?

하 그는 성격 자체가 너무 제멋대로예요. 둘이서 같이 사는 거
　　니까 한쪽이 힘들 땐 다른 쪽이 따라와 주어야 하는 거 아니
　　에요?

아 간호사인 당신 직장에서는 당연한 일이겠죠. 간호사들은 책
　　임감이 강해서 자신의 담당임무를 100퍼센트 다 해내는 건
　　당연한 일이니까요. 게다가 사고방지에도 만전을 기하려면
　　전체적인 일의 흐름에서도 눈을 떼선 안 되고……. 굉장히 책
　　임이 무겁고 신경이 많이 쓰이는 직업이죠.

하 맞아요, 잘 알고 계시네요.

아 하지만 그는 당신과는 다른 사회적 룰을 가지고 살고 있어요.
　　그래서 안타깝게도 당신의 고뇌가 그에게 전해지지 않는다는

생각이 드는군요.

하 그럴 리가요! 정말 그런 거라면 그 사람, 정말 너무 둔한 거
　아닌가요?

아 잠깐 가슴에 손을 얹고 기억을 더듬어보세요. 아주 작은 부분
　까지 잘 체크하는 당신이지만, 둔감한 그에게 도움을 받은 적
　도 많지 않나요?

하 음, 그건 그래요. 그가 저랑 비슷하게 신경질적인 사람이었다
　면 지금까지 만나지도 못했을 거예요.

아 자신의 룰과 다른 상대의 룰, 자신과는 다른 상대의 성격, 이
　런 것들이 모두 나쁜 건가요? 분명히 그건 아니잖아요?

하 네, 맞아요. 그렇군요…….

말하면 끝나는 것이 아니라 말한 순간 시작된다

아 자, 어떻게 하실 건가요? 틀림없이 그는 당신이 아무도 몰래
　이런 계획을 세우고 있다는 걸 알 리가 없겠죠. 오늘도 태연
　하게 집으로 돌아올 거예요.

하 네. 그런 사람이에요. 저 정말로 집을 나가고 싶었던 게 아니
　라 그를 시험해보고 싶었던 것인지도 모르겠어요.

아 그렇다면 하나 제안할게요. 좀 전에 분명하게 밝혔던 그 '답

답한 기분'을 그와 공유해 보는 건 어떨까요?

하 아직 그건 좀 어려워요. 그럴 수 있었다면 애초에 야반도주 따위는 생각도 안 했을 거예요.

아 그래요? 어려운 만큼 현재 상황을 타파할 수 있는 열쇠가 될 수도 있지 않을까요? 답답한 기분을 그에게 전하면 어떤 상황이 전개될 것 같은가요?

하 음……. 아마 시끄러운 여자라고 생각할 거예요. 아, 전 그건 못하겠어요.

아 흠. 본인을 시끄럽고 귀찮게 생각하는 건 못 참으면서, 다른 사람을 그렇게 생각하는 건 괜찮다니……. 그리고 귀찮은 마음이 극에 달하면 상대에게 아무 말도 없이 사라져버리면 되는 거군요. 제법인데요!

하 선생님, 너무 심술궂게 말씀하시는 거 아니에요?

아 뭐, 악의가 있는 건 아니에요.

하 네, 물론 그것도 알아요. 그에게 불만을 이야기하면 우리 두 사람의 관계가 끝날 거라고 생각해서 지금까지 참아왔는데 다른 방법도 있다는 걸 말씀하고 싶으신 거죠.

아 그래요, 이해력이 좋군요! 이렇게 되면 이야기가 빨라지죠. 물론 뭘 해도 헤어지고 마는 사람들도 있죠. 하지만 당신의 경우에는 좀 달라 보여요. 정말 단념하고 있는 사람은 애초에 상담하러 오지도 않으니까요.

하 정말요? 그렇게 말씀해주시니까 기분이 좀 나아져요. 그와
대화를 해야 한다……. 아무래도 좀 무서워요. 터무니없는 소
리를 하다가 울어버릴 것 같아요.

아 괜찮아요. 훌륭하게 이야기할 필요까지는 없으니까. 당신이
최선을 다해 무언가를 상대에게 전하려고 한다면 나쁜 방향
으로 흘러갈 리가 없어요.

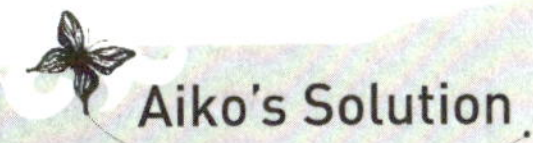

Aiko's Solution

• • • 비즈니스 용어 중에 '갈등관리(conflict management)'라는 단어
가 있어요. 이 말은 연애에서도 적용이 가능하죠. 인간관계에서의 충
돌, 모순, 대립은 가능한 한 피하고 싶은 것이 사람의 마음. 하지만 매
번 충돌을 피해버리면 인간성의 성숙이나 커뮤니케이션의 심화는 기
대할 수가 없죠. 가끔은 정면으로 마주하며 진심으로 부딪쳐 보세요.
상대를 소중하게 생각하는 기분이 잘 전달된다면 '비 온 뒤 땅이 굳는'
효과를 얻을 수 있을지도 모른답니다.

남자와 여자는 애초에
다른 생물이라는 사실을 기억하라

순조롭게 만나는 두 사람. 서로의 친구와 가족들에게 소개하면서 사랑도 가속화되어야 하는데……! 열정적이었던 그는 대체 어디로 가버린 걸까? 마치 다른 사람 같은 그의 태도는 어떻게 받아들여야 하는 걸까?

Q 후미카 | 31세, 의료기관 경리부 근무

3개월 정도 만난 남자친구가 있어요. 최근 들어 슬슬 서로의 친구들과 함께하는 자리가 늘어나고 있어요. 그런데 아무래도 신경 쓰이는 일이 생겼어요. 저와 둘이 있을 때하고, 다른 사람들이 함께 있을 때의 그의 태도가 완전히 다르다는 거예요. 서먹서먹하다고 해야 할지 차갑다고 해야 할지, 마치 그가 전혀 다른 사람처럼 느껴져요. 불신감이 커져가고 결국 싸우게 됩니다. 아무리 대화를 해도 그는 스스로의 태도 변화를 못 느끼는 것 같아서 더 고민스러워요.

신호를 보낼 때는 자신의 기분을 적극적으로 드러내라

아이코 선생(이하 '아') 남자들은 사회적 체면을 중시하죠. 그러니 다른 사람 앞에서는 좀더 격식을 차릴 수 있지 않을까요?

후미카 씨(이하 '후') 결국 그는 사랑과 체면 중에 체면을 지키는 게 중요한 사람이라는 건가요?

아 어느 쪽이 중요하다는 문제가 아니에요. 사회적 입장을 중시하는 남자들에게 언제나 둘만 있을 때 같은 무드를 바라는 건 조금 힘들 수도 있죠.

후 아무리 그렇다고 해도 너무 쌀쌀맞게 구니까 그렇죠.

아 그는 당신을 사랑하고 있어요. 체면은 또 다른 차원의 이야기 아닌가요?

후 그런 건 다 변명이에요. 상황에 따라서 태도를 바꾸는 사람은 신뢰할 수가 없어요.

아 그렇군요. 그것도 일리 있는 말이네요. 당신은 그가 대체 나를 어떻게 생각하는지 모르겠다, 정말로 사랑해주고 있는 건지 모르겠다, 이런 여러 걱정스런 마음이 드는 거겠죠?

후 네, 맞아요. 그거예요. 하지만 아무리 이야기해도 그는 제 마음을 전혀 알아주지 않아요. (울음)

아 사람의 마음을 헤아리는 건 의외로 어려운 일이니까요. 자신의 기분을 알아주길 바란다면 신호를 보내고 있는 당신이 조금 더 노력해야겠네요.

문제는 항상 상대가 아닌 당신 안에 있다

후 제가 전달하는 방법에 문제가 있는 걸까요? 언제나 불신감을 가진 채로 전달하니까 그가 버럭 화를 내곤 하죠. "못 믿는다는 게 대체 뭔데!" 하고 소리를 지르죠.

아 당연히 화나겠죠.

후 왜요? 전 사실을 말한 것뿐인데요.

아 당신에겐 사실이겠지만 그에겐 마른하늘에 날벼락이죠. '너'는 믿을 수 없는 사람이라고 정해놓고 비난하는 것과 '내'가 당신에게 마음을 열 수 없다는 것은 듣는 상대가 전혀 다른 인상을 받을 것 같지 않나요?

후 그러니까, 제 이야기 방식은 그에게 책임을 전가하는 것처럼 들린다는 말씀이세요?

아 그렇게 들릴 가능성이 크다는 거죠. 그에게 일관성 있는 태도를 바라는 건 당신의 마음이잖아요. 하지만 가장 중요한 '왜 그렇게 하길 바라는지'는 제대로 전달되지 않는 것 같아요.

후 왜냐고요? 당연히…… 일관성 없는 태도는 다른 사람들에게 불신감을 주니까 그런 거죠.

아 아니, 아니에요. 싸우고 싶지 않다면 '나 전달법'으로 말해야 한다는 걸 잊지 마세요.

후 아, 네. 뭐였죠? '내가 불안하니까', '내가 외로우니까'라고 해야 하나요?

아 그래요. 그게 정확한 진심이죠.

후 '사람들에게 불신감을 준다'는 건 제가 외롭다는 걸 숨기고 싶어서 방패처럼 내세운 말이란 거군요.

아 그렇게까지 말하지는 않겠지만, 비슷해요.

남자는 '정보'를 중시하고 여자는 '감정'을 중시한다

후 "내가 외롭고 불안하니까 다른 사람 앞에서라도 태도를 바꾸거나 하지 않았으면 좋겠어." 아, 말로 하기 좀 부끄러워요! 냉정하게 생각하면 너무 제멋대로인 요구 같기도 하고요.

아 호호! 어른이 되면 아이처럼 떼를 쓰고 투정을 부리며 요구하는 건 어렵죠. 그래서 마음을 숨기고 이론적으로 이야기한다거나 상대의 잘못을 꼬집고 밀어붙이는 전략을 세우게 되는 거예요.

후 아! 그래서 계속 평행선이었던 걸까요? 그는 자주 "구체적으
로 언제 어떤 태도가 문제였는지 말해줘"라고 말하지만, 전
그가 정색하고 묻는 걸로 밖엔 들리지 않아서 삐딱하게 대하
곤 했어요.

아 알아요. 일반적으로 남자들은 개인적인 감정보다는 객관적
인 사실을 중시하는 경향이 있다고들 하죠. 그런 식으로 평행
선을 달리는 건 남녀 사이에 흔한 일이에요.

후 결국 여자들에게 핑계로밖에 안 들리는 것도 남자들 입장에
서 보면 다르게 해석할 수 있다는 말씀이신가요?

아 네, 그럴 수 있어요. 그는 진심으로 문제를 해결하려고 했던
건지도 모르고요.

후 그랬던 걸까요? 저는 어쨌든 상처받은 제 마음을 전하기 위
해 필사적이었고, 그는 납득할 수 있는 포인트를 찾기 위해
노력하고 있었던 거네요. 뭔가 우스울 만큼 서로 다른 이야기
를 해왔군요.

아 아무리 엇갈렸더라도 서로 관계를 회복하려는 마음만 있다면
다시 만날 수 있을 거예요. 또 다른 어떤 일이 생겼을 때도 남
자와 여자는 애초에 다른 생물이라는 걸 기억한다면 해결할
길이 보이죠.

후 저희들, 이제 시작이니까요. 바로 바뀌긴 어렵겠지만, 다음에

또 그런 일이 생긴다면 지금까지와는 다른 기분으로 이야기
할 수 있을 것 같아요.

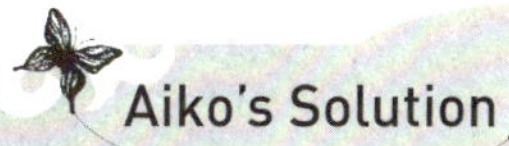

Aiko's Solution

• • • '어쩌면 날 사랑하고 있는 게 아닐지도 몰라'라는 의심은 우리
를 어린아이처럼 만들어버리죠. 불안해서 어쩔 줄 모르는 기분이 들
기 시작하면 아무리 좋은 어른이라도 평소에는 생각할 수도 없을 만
큼 난폭한 행동을 하기도 해요. 아직 어설픈 어른인 우리는 그런 불안
을 논리정연하게 정리하려 들지만 그건 오히려 역효과를 불러온답니
다. 사랑하는 사람 앞에서는 마음의 벽을 허물고 진심이라는 특별한
언어를 써서 대화해 보는 건 어떨까요?

사랑을 확인하고 누리는 방법은
섹스 외에도 많다

생각보다 많은 부부와 연인들이 섹스리스로 고민한다. 이렇게 시간만 보내도 괜찮을까? 이러다간 언제가 정말 가족 같은 관계가 되어버리는 건 아닐까? 소원해진 육체관계 때문에 고민하는 사람들을 위한 해법제시!

Q 하루나 | 29세, 휴직 중

약혼한 남자친구와 동거를 시작한 지 1년쯤 된 것 같아요. 저는 얼마 전, 부인과 질병으로 수술을 받았어요. 현재는 경과를 보려고 외래 진료를 다닐 정도로 회복되었어요. 그런데 그 동안 몸 상태가 좋지 않았던 기간까지 포함하면 거의 반년 정도 그와 섹스를 하지 않았어요. 그 때문인지 정서불안 증상이 가끔 나타나고 었어요. 그는 언제나처럼 다정하게 대해주지만 저는 행복을 느끼기 어려운 상황이에요. 제 건강을 염려하는 그에게 어떻게 이야기를 꺼내야 좋을지 모르겠어요.

상처받는 것을 두려워하면 아무것도 할 수 없다

하루나 씨(이하 '하') 처음엔 그가 바람을 피우는 건 아닌지부터 시작해서, 나중에는 더 이상 저를 안고 싶지 않은 건가 생각하다보니 정서불안이 나타났던 것 같아요. 하지만 요즘엔 그런 단계를 다 지나서 마음에도, 몸에도 뭔가 구멍이 뚫린 것 같은 텅 빈 기분이 들어요.

아이코 선생(이하 '아') 무언가 중요한 물건을 잃어버린 느낌 같은 거 말인가요?

하 음……. 잃어버리고 싶지 않은데 그렇게 되어버렸다는 느낌에 가까워요. 하지만 이런 기분을 그에게 전달하기 어려워서 혼자 고민하고 우울해지고……. 그런 날들이 반복되고 있어요.

아 그는 언제나처럼 다정하지만 당신은 불안정한 상황에서 벗어나지 못하는 것 같아서 외로움이 커지고 있는 건가요?

하 그런 것 같아요. 그는 지금 상태에 만족하고 있는 것 같은데 어째서 나만 이런 기분이 드는 건지 모르겠어요. 이런 기분을 그에게 이야기하려고 하면 눈물부터 쏟아져서…….

아 당신의 기분을 그에게 이야기하려고 할 때 그걸 가로막는 건 무엇인가요?

하 정서불안의 직접적인 계기는 섹스리스니까, 그저 욕구불만 처럼 받아들여지진 않을지, 남자로서의 자존심에 상처를 입 히진 않을지…… 하는 생각들이죠.

아 서툴게 행동하면 본인과 상대의 마음에 상처를 입힐지도 모 르죠. 하지만 그렇게 생각하면 아무것도 할 수 없어요.

하 맞아요, 제가 지금 그래요.

외롭다는 느낌과 사랑은 서로 다른 문제다

아 우선은 느끼고 있는 감정들을 잘 정리해보죠. 솔직히 말해서 당신은 어떤 것들이 서운한가요?

하 섹스가 없어진 이후로 어떻게, 어느 부분에서 저에 대한 그의 애정을 느껴야 할지 잘 모르겠어요. 문득 생각해보면 제가 사 랑받고 있다는 실감이 들지 않아요.

아 그렇다면 예전에는 섹스가 그의 애정을 느끼는 수단이었다는 건가요?

하 인정하고 싶지 않지만 그랬던 것 같아요. 실은 제가 이렇게 불안정해졌다는 것 자체가 쇼크예요. 제가 섹스에 의존하는 사람인 것 같아 부끄럽고요. 사랑에 목말라 있는 사람 같아서 비참해요.

아 흠……. 그래서 혼자서 끌어안고 있는 거군요. 하지만 지금
했던 이야기들은 전혀 이상하지 않아요. 굉장히 솔직하고 이
해하기 쉬운 이야기에요.

하 그런가요? 하지만 정작 그와 마주하면 왜 말이 안 나오는 걸
까요.

아 어쩌면 본인이 외롭다는 걸 들키고 싶지 않은 건지도 모르죠.

하 아, 사실 그런 부분은 있어요. 외롭다는 걸 표현해 버리면 살
수 없을지도 몰라요. 게다가 사랑받지 못한다는 감정이 표면
화되어 버린다고 생각하면 두려워요.

아 그렇군요. 한 가지 말해두죠. 자신이 외롭다고 느끼는 것과
사랑받고 있는지 아닌지 하는 문제와는 직접적인 인과관계가
성립되지 않는답니다.

애정을 교환하는 수단은 다양할수록 좋다

하 선생님, 지금 하신 말씀은 굉장히 중요한 말씀 같은데, 제 머
릿속에는 안 들어오네요.

아 그렇겠죠. 당신은 긴 시간 동안 사랑받지 못해서 외롭다고 느
끼고 있는데, 갑자기 "그건 아니에요"라는 이야기를 들으면
받아들이기 어렵겠죠.

하 그럼 사랑받지 못한다는 건 제 억측이라는 말씀인가요?

아 그럴 가능성도 있죠. 왜냐면 실제로 당신이 아무리 외롭다고
느낀다 한들 그는 변함없이 곁에 있잖아요.

하 하지만 그것만으로 사랑받고 있다고 확신할 수는 없잖아요!
하루에도 몇 번씩 확인하고 싶은 마음이 꿈틀거려요.

아 그러면 제가 한 가지 제안을 드릴게요. 지금까지 당신은 사랑
을 주고받기 위한 공통언어로 섹스라는 보디랭귀지를 활용해
왔어요. 그걸 인정한 다음, 이제부터 새로운 언어를 그와 공
유하는 방법을 검토해보면 어떨까요?

하 새로운 공통언어……. 전 대체 그가 이렇게 섹스리스인 상태
에서 어떻게 사랑을 느끼고 있는지가 의아해요.

아 그거, 그대로 그에게 물어봐도 괜찮을 것 같은데요. 당신이
미처 알아채지 못한 것일 수도 있어요. 그는 전에도 계속 섹
스가 아닌 다른 언어로 사랑을 느끼고, 전해 왔을지도 모르잖
아요!

하 정말요? 정말 그런 걸까요? 아무래도 저만 섹스에 집착하는
것 같아서 창피해요. (울음)

아 이런! 울지 마세요. 그건 그 자체로 괜찮아요. 살과 살을 맞대
는 건 원초적인 욕구니까요. 확실히 기분을 전할 수 있는 방
법이죠. 그것과는 별개로, 지금부터 오래도록 함께할 상대와

의 애정표현 방법은 아무래도 좀더 다양한 편이 좋다고 말하
는 거예요.

하 그렇군요. 그가 아프거나, 다치거나, 서로 더 나이를 먹었을
때를 생각해보면 애정표현의 방법은 많은 편이 좋겠네요.

아 오래도록 함께하고 싶다는 생각이 들면 언젠가 한 번은 해야
할 과제인 셈이죠. 지금 하는 과제가 평생 갈지도 몰라요. 창
피하다고 생각하지 말고 솔직한 기분을 그에게 이야기해보
세요.

Aiko's Solution

• • • 지금까지 당연하게 해오던 일들을 할 수 없게 된 경우, 깊은 상
실감과 불안정한 기분을 체험하게 됩니다. 하지만 그때야말로 새로
운 능력과 시야를 획득할 수 있는 절호의 기회이기도 합니다. 그것
이 소중한 누군가와의 사이에서 일어나는 일이라고 한다면 사랑의 존
재 방법이 진화하는 중일지도 모르고요. 그 찬스를 부디 놓치지 마시
길……. 앞이 전혀 보이지 않는다 해도, 자신의 기분을 솔직히 전하면
다음 한 걸음은 한결 더 내딛기 쉬워질 거예요.

상대의 민감한 부위에 접촉하는 걸
두려워하지 마라

그의 과거에 대해 가능하면 대범한 마음으로 이해하고 싶다. 하지만 가끔은 아무래도 평온한 마음으로 받아들이기 어려운 경우도 있다. 그의 집에 남아 있는 전처의 그림자…… 어쩌면 좋을까?

Q 치나츠 | 34세, 방송 콘텐츠 제작사 근무

제 남자친구는 '돌싱'인데요, 전 부인과 살았던 집에 그대로 살고 있어요. 그 사람 집에 드나들게 되고나니 사실은 마음이 꽤 복잡해요. 인테리어는 물론, 모든 물건이 전 부인의 취향일 거라는 생각이 머릿속을 떠나지 않아요. 옷장에도 여전히 여자 옷이 남아 있고, 결혼식 앨범도 눈에 띄는 장소에 그대로 놓여 있지 뭐겠어요! 문제는 남자친구가 둔해서 그런지, 그런 것들을 전혀 정리하려 하지도 않는다는 거예요. 이미 끝난 일들을 자꾸 신경 쓰고 있는 제가 이상한 걸까요?

석연치 않은 일을 무리해서 이해하려 하지 마라

아이코 선생(이하 '아') 그의 결혼생활은 정말로 전부 끝난 건가요?

치나츠 씨(이하 '치') 네, 그가 이혼했다고 하니까요. 하지만 이혼하고 벌써 2년은 지난 것 같은데, 가끔 집에서 생생한 여자 그림자가 보이는 것 같아요.

아 아직 이혼이 성립하지 않았다면 모를까, 벌써 절차를 다 끝냈다면 좀 이상하네요. 물론 그에게는 소중한 추억일지도 모르지만, 다음 인생을 향해 발걸음을 내딛겠다는 태도는 안 보이는 것 같네요.

치 네! 그거, 그거예요. 아, 선생님께서 그렇게 말씀해 주시니 이제 좀 안심이에요. 전 제가 속 좁은 사람이 아닌지 걱정했거든요.

아 실체를 알 수 없는 여자의 그림자만큼 신경 쓰이는 것도 없죠. 당신이 그렇게 느끼는 것 자체가 나쁜 건 아니에요.

하기 어려운 말일수록 말할 가치가 있다

치 그동안 저는 그의 사정을 이해해주지 못하는 제 자신을 계속 구박해왔어요. 생각이 많아질수록 괴로웠죠.

아 마음이 착해서 그래요. 하지만 이젠 그 괴로움을 말할 수 있
게 되었으니 괜찮아요. 참는 게 미덕이라는 말은 잠시 묻어두
죠. 그건 그렇고, 그는 정말 너무 아무것도 안 건드리고 전처
의 흔적을 방치하는 것 같네요.

치 네, 맞아요! 하지만 이혼이라는 건 아무래도 민감한 화제잖아
요. 그래서 대놓고 물어볼 수도 없고, 난처할 뿐이에요. (울음)

아 혹시 당신은 민감한 화제가 나오면 멀찍이 떨어졌다가 조금
씩 다가가는 편인가요?

치 전 진짜 갓난아기라도 다루듯이 신경 많이 쓰거든요.

아 일반적으로 긍정적인 이야기는 화제로 삼기 쉽지만, 부정적
인 이야기는 그러기 어렵다고 생각하죠. 사실은 꼭 그런 것만
은 아닌데 말예요.

치 네? 그런가요?

아 사람과 사람 사이의 친밀도와 신뢰감이 수직 상승하는 건 오
히려 말하기 어려운 것을 화제로 삼았을 때죠. 상대의 마음에
다가가면 다가갈수록 긴장하게 되고, 그런 기분을 공유하고
서로가 서로의 이야기를 받아들이면서 느끼는 충족감은 각별
하거든요.

치 굉장히 그럴 듯한 이야기 같은데, 제가 취약한 분야네요.

아 그러면 이번 사랑은 취약 분야에서 탈출할 수 있는 기회가

되겠네요!

치 선생님, 남의 일이라고 너무 쉽게 말씀하시는 거 아니에요?

아 뭐, 남의 일이잖아요! 이건 농담!! 지금까지 넘지 못한 벽이라
면 시도해볼 만한 가치가 있다는 얘기예요.

풍파가 없다고 해서 순조롭다고 단정할 수는 없다 

치 하지만 지금은 어떤 문제도 없는데, 일부러 민감한 이야기를
꺼낼 필요가 있을까요? 관계만 더 악화시킬 것 같은데…….

아 어머! 지금 둘의 관계가 악화되지 않았다고 생각해요? 표면
적으로만 풍파가 없을 뿐이죠. 상대를 의혹의 눈초리로 바라
보고 있다면, 두 사람 관계는 이미 좋지 않은 방향으로 흘러
가고 있다는 게 제 생각인데요!

치 하지만 긁어 부스럼일지도 모르잖아요. 좀 내버려두면 그가
먼저 뭔가 말해줄지도 모르고요.

아 그냥 이대로 괴로워하면서 상태를 지켜보겠다고요? 그게 1년
이든 2년이든? 나야 뭐, 괜찮아요!

치 그렇군요. 괴로운 생활에 한계를 느낀 선 서였으니까요.

아 해본 적 없는 일을 한다는 건 누구에게나 두려운 법이죠. 하
지 않고도 괜찮은 이유 따위야 놀랄 만큼 많고요. 하지만 지

금의 상황을 헤쳐 나가고 싶다면 해본 적 없는 일도 선택지에 넣어야 해요.

치 하기 어려운 이야기를 하는 거요, 다른 남자를 만났을 때도 이런 상황은 항상 있었던 것 같아요. 제가 그 상황을 뛰어 넘지 못해서 제 사랑의 수명이 항상 그만그만했나 봐요.

아 그랬을 수도 있죠. 남녀가 서로 가까워지면 상대의 민감한 부분에 반드시 접촉하게 되니까요. 가끔은 침입하기도 하고, 갑자기 튀어나올 수도 있죠. 그렇게 해서 서로의 마음이 편안한 거리를 정하고 가치관을 정리해 나가는 거예요. 남자와 여자가 교제를 한다거나 함께 살아간다는 건 그런 일들의 반복이랍니다.

치 그럴까요? 그럼 이번 일도 도망칠 수 없는 시련 중의 하나인 거네요.

아 내 인생에 아무런 영향이 없는 사람이라면 상관없겠지만, 하물며 지금부터 함께 오래도록 같이하고 싶은 사람인걸요.

치 저는 지금까지 제 손을 쓰지 않고도 문제를 해결한 방법을 찾아왔던 것 같아요.

아 두 사람이 앞으로도 계속 만날 의지가 있다면 부딪쳐도 부서지지 않을 거예요. 두려워하지 말고 부딪쳐 보도록 하세요.

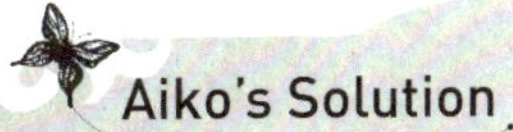

• • • '이걸 물으면 그가 싫어하겠지', '이 이야기를 하면 그가 곤란하겠지' 이런 생각을 배려와 조심성이라고 생각하나요? 네, 멋진 문화죠. 하지만 이런 식의 인식이 남녀관계에서 한쪽이 너무 참거나 조심하는 경향을 조장하기도 한답니다. 길을 잃었을 때는 눈앞의 상대가 앞으로도 당신에게 소중한 사람인지 아닌지 잘 생각해보세요. 소중하게 지키고 싶은 관계라면 두려운 마음을 누르고 한 걸음 다가서세요. 그리고 기쁨과 슬픔을 공유하는 기반을 만들어 나가야 해요. 그게 바로 현재진행형인 사랑의 모습 아닐까요?

이 책은 2009년 10월부터 2011년 7월까지 『니케이 우먼 온라인 Nikkei woman online』에 연재했던 '연애에 서툰 여자를 위한 진료소'라는 칼럼을 엮은 것으로, 심리상담가인 미요시노 아이코 선생과 사랑 고민에 빠진 여성들의 실제 상담사례를 담고 있습니다.

처음 연재를 시작할 때 여러 가지 생각이 머릿속을 스쳐지나갔던 게 기억나는군요. 흔하디흔한 연애 매뉴얼을 만들기도 싫었고, 눈물과 동정을 부르는 불행한 여자들의 이야기로 채우기도 싫었죠. 그렇다고 해서 제가 무슨 천재 카운슬러라서 쾌도난마(快刀亂麻)의 충고를 해줄 수 있는 것도 아니었습니다.
고민 끝에 구상한 콘셉트는 대부분의 여성이 자기 안에 억누르고 있는 진짜 자기와 마주할 수 있도록 이끌어주자는 것이었습니다. 카운슬러라고 하면 보통 '훌륭한 멘토'나 '해답을 주는 사람'이라고 생각하기 쉽지만, 저는 고민에 빠진 여성들과 같은 시각에서 바라보고 함께 어려움을 헤쳐 나가는 친구가 되고 싶었습니다.

실제로 카운슬링을 하는 중에 갑자기 행복한 결말이 찾아오는 경우는 거의 없습니다. 카운슬링을 마치고 돌아간 뒤에는 다시 일상이 이어집니다. 오늘 어떤 일이 있더라도 우리는 내일부터 다시 살아가야 합니다. 그리고 인간이라면 어떻게든 해나갈 수 있는 잠재적인 파워를 간직하고 있는 것도 사실입니다.

살아가는 동안 슬럼프와 트러블은 수도 없이 찾아옵니다. '아무 것도 할 수 없는 자신'과 마주하는 것은 쉬운 일이 아니죠. 하지만 이런 문제를 칼로 무 자르듯 싹둑 잘라낼 수는 없습니다. 마음속에서 일어나는 이런 작은 움직임들이 하루하루의 행복도와 만족도를 좌우하기 때문입니다. 내 안에서 일어난 문제는 이를 받아들이고 공존의 길을 찾는 과정에서 해결되어야 하는 것이죠. 때문에 이 책에서는 여성들이 자신을 위해 고민하고, 생각하고, 결단을 내리는 프로세스를 다루고 있습니다.

연애 문제로 고민하는 여성들이 카운슬러 앞에서 보여주는 모습은 긴 인생 속에서 단 한 장면일 뿐입니다. 지금은 죽고 싶을 만큼 괴롭다 하더라도 그 괴로움이 평생을 가는 것은 아니며, 억울하게 비난당하는 일이 있다 하더라도 그 역시 시간이 지나면 끝납니다.

부당한 대우에 화가 치밀거나, 자신감을 잃고 실의에 빠지거나, 실연의 상처 때문에 아무것도 할 수 없을 때조차 우리는 희망의 끈을 놓아서는 안 됩니다. 지금은 현재일 뿐, 내일은 전혀 다른 미래일 수도 있기 때문이다.

물론 저 역시도 현재진행형의 인생을 살아가고 있는 평범한 현대여성 중 한 명이기 때문에 오랫동안 혼란스러운 시간을 거쳐 왔습니다. 개인적인 일입니다만, 이 책이 발행되던 시기에 저는 첫 아이를 출산했습니다. 연애와 결혼으로 지겹게 고민하고, 사랑에 얽힌 이것저것을 조금 알게 될 무렵, 인생으로부터 멋진 선물을 받은 것이죠. 좋은 파트너를 만나 아이를 낳고, 책이 발간되고……. 이제야 액운이 끝나는 느낌이 듭니다. 올해는 출산과 출판이라는 두 개의 큰 사업에 성심성의껏 최선을 다함으로써 저의 업보를 어느 정도 씻어내고 정화한 것 같습니다.

마지막으로, 저의 다듬어지지 않은 글을 세련된 편집기술로 다듬어주신 편집부 여러분들께 감사드립니다. 또한 그동안 저와 함께 고민을 나눠온 여성들에게 감사드리고 싶습니다. 자신의 일과 사랑 사이에서 고민하는 모든 여성들이 제게는 선생님이었고 가족이었으며 연인이었습니다. 이 분들이 용기 내서 질문을 하고, 솔직하게 자신의 사연을 드러내주었기에 많은 여성들

이 큰 위로와 용기를 전수받을 수 있게 되었습니다. 저는 이게
바로 사랑의 사회적 환원이 아닐까 생각합니다. 제 입장에서는
저를 믿고 찾아주신 분들의 은혜에 조금이나마 보답하는 계기
가 될 것 같습니다.

모든 분들께 항상 감사합니다.

자꾸만 연애가 꼬이는 당신을 위한
연애교습소 ────────

초판 1쇄 인쇄 2012년 12월 20일
초판 1쇄 발행 2012년 12월 27일

지은이 미요시노 아이코
옮긴이 서지원

발행인 김난희
편집인 김갑수

디자인 구화정 page9

펴낸곳 이스트북
출판등록 2012년 12월 4일 제2012-000387호
주소 서울시 마포구 서교동 484-19
전화 02-338-7273
팩스 02-338-7160

ISBN 978-89-969845-0-4 13590

일원화 공급처 (주)북새통
주소 서울시 마포구 서교동 465-4 광림빌딩 2층
대표전화 02-338-0117
팩스 02-338-7161

※잘못된 책은 구입한 서점에서 교환해 드립니다.